高等学校"十三五"规划教材

定量分析化学实验

廖晓宁　白　玲　主编

化学工业出版社

·北京·

《定量分析化学实验》是为高等农林院校农学、动物科学、生物工程、环境工程、食品工程等专业的学生编写的。全书由定量分析化学实验的要求、基本知识、基本仪器和基本操作技术,定量分析化学实验内容和常用数据表等部分组成,共编写了 23 个实验,包括基础性实验、设计性实验和应用性实验三大类,内容涵盖酸碱滴定法、沉淀滴定法、配位滴定法、氧化还原滴定法以及分光光度法和电位分析法。

　　《定量分析化学实验》可作为高等院校近化学专业本科生的教材,也可作为从事与分析化学有关的专业人员的参考书。

图书在版编目(CIP)数据

定量分析化学实验/廖晓宁,白玲主编. —北京:
化学工业出版社,2018.1(2025.1重印)
高等学校"十三五"规划教材
ISBN 978-7-122-33477-0

Ⅰ.①定⋯　Ⅱ.①⋯　②白⋯　Ⅲ.①定量分析-化学实验-高等学校-教材　Ⅳ.①O0655-33

中国版本图书馆 CIP 数据核字(2018)第 286640 号

责任编辑:宋林青　　　　　　　文字编辑:刘志茹
责任校对:王素芹　　　　　　　装帧设计:关　飞

出版发行:化学工业出版社(北京市东城区青年湖南街 13 号　邮政编码 100011)
印　　装:三河市双峰印刷装订有限公司
787mm×1092mm　1/16　印张 6¾　字数 146 千字　2025 年 1 月北京第 1 版第 8 次印刷

购书咨询:010-64518888　　售后服务:010-64518899
网　　址:http://www.cip.com.cn
凡购买本书,如有缺损质量问题,本社销售中心负责调换。

定　　价:**18.00 元**

《定量分析化学实验》编写组

主　　编：廖晓宁　白　玲

副 主 编：李铭芳　吴东平　汪小强

编　　者

江西农业大学	廖晓宁	白　玲	李铭芳
	吴东平	汪小强	卢丽敏
	文阳平	侯　丹	余丽萍
	王文敏	董爱琴	李至敏
武汉理工大学	金　玲		
韩山师范学院	蔡龙飞		

前　言

本书是与《定量分析化学》配套的实验教材，是在我校多年教学经验的基础上，广泛参考并吸取了近年来国内分析化学实验教材的许多优点编写而成的。书中除定量分析化学实验基本操作和基础型实验之外，还列有英文实验、设计型实验和应用型实验，以适应分析化学实验技术的飞速发展。本书可作为高等院校非化学专业和化学专业本科生的实验教材，同时也可作为从事有关分析化学专业人员的参考书。

定量分析化学实验是定量分析化学课程的重要组成部分，同时是一门实践性很强的学科，是培养学生基本操作技能、严谨求实的科学态度，以及学生的观察问题、分析问题和解决问题能力的极为重要的环节。

全书由定量分析化学实验基本知识、定量分析化学实验内容和常用数据表三部分组成，共编写了 23 个实验，包括基础性实验、设计性实验和应用性实验三大类，实验内容涵盖了酸碱滴定法、沉淀滴定法、配位滴定法和氧化还原滴定法及分光光度法、电位分析法。

本书由江西农业大学、武汉理工大学、韩山师范学院三所高等院校共同编著。由江西农业大学廖晓宁、白玲担任主编，由江西农业大学李铭芳、吴东平和汪小强担任副主编，参加编写的有江西农业大学卢丽敏、文阳平、侯丹、余丽萍、王文敏、董爱琴和李至敏，武汉理工大学金玲，韩山师范学院蔡龙飞。具体编写内容为：廖晓宁（第一章、实验一～三，附录一～三）、白玲（第二章、实验七～十，附录七～十）、李铭芳（第三章）、汪小强（实验四～六，附录四～六）、吴东平（实验十一～十四，附录十一～十三）、卢丽敏（实验十五、十六）、文阳平（实验十七）、侯丹和余丽萍（实验十八）、王文敏（实验十九）、董爱琴（实验二十）、李至敏（实验二十一）、金玲（实验二十二）和蔡龙飞（实验二十三）。全书由主编审稿、修改并定稿。

本书在编写过程中，得到了江西农业大学、武汉理工大学、韩山师范学院和化学工业出版社各级领导和同仁的大力支持、帮助和关心，在此一并致谢。由于编者水平有限，书中不足之处在所难免，恳请读者批评指正。

编　者
2018 年 9 月

目 录

附　录

参考文献

第一章

定量分析化学实验的要求

定量分析化学不但是化学、环境、化工类等专业的一门专业基础课程，也是农、林、牧和食品等专业的一门重要基础课程。该课程是一门实践性较强的学科，主要分为定量分析化学理论和定量分析化学实验两部分内容。为适应大学本科高素质人才的培养要求及提高学生实践能力，定量分析化学实验课程各大高校基本不再附属于理论课而独立开课。定量分析化学实验课程的主要任务是使学生巩固、扩大和加深对定量分析化学基本原理的理解，掌握定量分析化学的实验方法、基本操作技能和有关基本知识，培养学生严谨求实的科学态度，提高学生观察问题、分析问题和解决问题的能力，并为后续课程的学习及将来从事科学研究工作打下良好的基础。

一、定量分析化学实验基本要求

① 实验前要认真预习实验内容，弄懂实验原理、方法和所要达到的目的，了解主要的操作步骤及注意事项等。实验过程必须备有专用的实验记录本和实验报告本，在预习好实验内容的基础上，事先设计好应记录的数据及报告格式，以便实验时及时准确记录所测得的数据和所观察到的实验现象。

② 实验时要严肃认真，做到紧张而有秩序地工作，手脑并用，善于观察现象，勤于思考实验中的问题。理论联系实际，认真分析研究，不能只是"照方抓药"式地被动做实验。合理安排时间、提高工作效率。

③ 实验中所测的各种数据应及时如实地记入记录本，不允许记在零碎纸片上，以防丢失或转抄时发生错误。实验的原始数据不得用铅笔填写，更不能随意涂改、拼凑或伪造数据，如发现数据测错、读错或算错而需要改动时，可将该数据用一横线划去，并在其上方写上正确的数字。

④ 由普通化学的性质实验过渡到定量分析实验，两者最大的区别就在于"量"的概念，实验过程中要清楚哪一步需"准确量"，哪一步为"粗略量"。

记录实验数据时，应注意其有效数字的位数。例如，准确浓度记录四位有效数字，用分析天平称量，记录至 0.0001g；滴定管及移液管的读数，应记录至 0.01mL。

⑤ 实验结束后，必须将用过的器皿洗净，放回原处。公用的仪器、试剂瓶等也要放回原处，摆放整齐。整理并擦净实验台面。最后由值日生负责全面清扫实验室，关闭

电源、水阀和门窗等。

实验报告内容包括：

① 实验名称、完成日期、姓名、合作者姓名；

② 实验目的、原理、实验内容的简要步骤（可用箭头式表示）；

③ 实验数据处理、计算结果和误差、实验中的问题讨论等。

实验后，及时整理实验数据，计算实验结果，按时认真写出实验报告。

学生实验成绩的评定，包括以下几项内容：

① 预习与否及实验态度；

② 实验操作技能；

③ 实验报告的撰写是否认真和符合要求，实验结果的精密度、准确度和有效数字的表达等。

二、 实验时应注意的事项

① 遵守实验课堂纪律，不迟到、不早退，实验时不大声喧哗、嬉闹。

② 实验前必须认真预习实验指导书。开始实验前，要熟悉本次实验中所用仪器、试剂的性质和作用。在教师讲课前不能随意玩弄仪器和进行实验。

③ 进入实验室，先清点仪器，如发现破损、丢失，立即向指导教师汇报，及时补领。实验过程中仪器损坏，应及时报告指导教师，以便及时处理。

④ 认真听指导教师讲解，严格按操作规程进行实验，注意实验过程中的安全。实验应按指导书的要求并在教师指导下进行，精密仪器未经教师许可，不得擅自操作。

⑤ 在指定的位置进行实验，要始终注意保持实验台面的清洁，仪器放置要整齐有序，养成良好的科学实验习惯。同时注意保持实验室地面的整洁，不乱丢纸屑等杂物，废液倒入废液缸，杂物丢入垃圾桶。勿使酸、碱等腐蚀性溶液滴洒到实验台面或地面上，否则应及时用水冲洗干净或擦净。

⑥ 实验中的残渣废液应倒入指定的废物桶内，不得随意倒入水槽中。实验完毕必须清洗仪器、擦拭台面，经教师同意后方可离开实验室。

⑦ 养成爱护公物、节约用水、电和化学试剂的良好习惯。实验室的一切物品不得带出实验室。如有破损仪器，应及时报告教师，并按手续登记补领。

⑧ 实验结束后，值日学生应负责做好实验室的整洁工作，尤其要检查水、电开关。固体废弃物，如废纸、火柴杆、玻璃碎片等，应扔入废物桶内；废酸、废碱应小心倒入专用废液桶内，严禁倒入水槽，以防水槽堵塞和下水管腐蚀。

三、 实验安全规则及事故处理

在进行分析化学实验时，经常使用水、电、气，易燃、易爆、有毒、有腐蚀性的各种化学试剂，易破损的玻璃仪器及精密的现代分析仪器。为了保证分析实验的正常进行，确保实验工作人员的人身安全及实验室财产安全，确保周围环境不受到污染，每一个实验工作者都必须从自身做起，珍惜自己，爱护他人，严格遵守实验室安全规则，严格遵守实验室中的安全操作规范。遇到突发事件必须沉着冷静、正确处理。

1. 安全规则

① 实验室内严禁饮食、吸烟，一切化学药品严禁入口，实验结束后应及时洗手。

② 离开实验室时，应检查水、电、气、门窗是否关好，严禁将实验室的任何仪器与试剂带离实验室。

③ 使用浓酸、浓碱及其他强腐蚀性试剂时，切勿溅在皮肤和衣服上，使用浓 HCl、浓 HNO_3、浓 H_2SO_4、$HClO_4$、氨水时，应在通风橱中操作。

④ 使用易燃有机溶剂（如乙醇、乙醚、丙酮、三氯甲烷等）时，必须远离明火，用完立即盖紧瓶盖，放在通风、阴凉处保存。

⑤ 使用汞盐、砷化物、氰化物等剧毒品时，要特别小心。用过的废物、废液不可乱倒，应集中回收处理。

⑥ 使用高压气体（如氢气、乙炔等）钢瓶时，必须严格按操作规程进行，钢瓶应置于远离明火、通风良好的地方。切记钢瓶更换前应保持一部分压力。

⑦ 实验中，如发生烫伤和割伤应及时处理，严重者应立即送医院治疗。

⑧ 实验室如发生火灾，要保持镇静，立即切断电源与气源，并根据起火原因采取针对性的灭火措施。

2. 实验室意外事故处理

（1）割伤与烫伤处理

割伤是实验室中经常发生的事故。发生割伤时，首先应将伤口内异物取出，用生理盐水或硼酸溶液擦洗伤处，涂上碘酒或紫药水，用纱布包扎，或使用创可贴，必要时在包扎前撒些消炎粉，如果伤势较重，则应用纱布按住伤口止血后，立即送到医院清创缝合。烫伤时，立即涂上烫伤膏。切勿用水冲洗，更不能把水泡刺破。

（2）化学试剂烧伤处理

浓硫酸烧伤时，立即用大量水冲洗，再用饱和碳酸氢钠溶液冲洗，再用水冲洗后，涂上烫伤膏。

浓碱烧伤时，立即用大量水冲洗，再用 1%～2% 的醋酸或硼酸溶液冲洗。再用水冲洗后，涂上硼酸软膏、过氯化锌软膏。

酸溅入眼睛时，不要揉搓眼睛，应立即用大量水冲洗，再用 2%～3% 的四硼酸钠溶液冲洗，再用水冲洗。

碱溅入眼睛时，不要揉搓眼睛，应立即用大量水冲洗，再用 3% 的硼酸溶液冲洗，再用水冲洗。

溴烧伤时，应立即用大量的水冲洗，再用酒精擦洗至无溴液，然后涂上甘油或烫伤膏。

应注意的是：化学试剂烧伤严重，特别是化学试剂溅入眼睛时，应在紧急处理后，立即送至医院治疗。

（3）**吸入刺激性气体与有害气体的处理**

在吸入煤气、硫化氢气体时，立即到室外呼吸新鲜空气。在吸入刺激性或有毒气体如氯气、氯化氢、溴蒸气时，可吸入少量的酒精与乙醚的混合蒸气解毒。

（4）**有毒物质入口的处理**

在遇有毒物质侵入口中时，应立即内服 5～10mL 硫酸铜的温水溶液，用手指伸入喉部促使呕吐，然后立即送医院治疗。

（5）**触电处理**

不慎触电时，立即拉下电闸切断电源，尽快用绝缘物将触电者与电源隔开，必要时进行人工呼吸，然后立即送往医院治疗。

（6）**火灾处理**

实验室不慎发生火灾时，千万不要惊慌失措、乱叫乱窜，或置他人于不顾而只顾自己，或置小火于不顾而酿成大灾，应立即切断电源与气源。着火面积大、蔓延迅速时，应选择安全通道逃生，同时大声呼叫同室人员撤离，并尽快拨打"119"电话报火警。如果火势不大，且尚未对人造成威胁时，应根据起火原因采取针对性的灭火措施。小火可用湿布或石棉布盖熄，如着火面积大，可用泡沫灭火器或二氧化碳灭火器。有机溶剂着火，切勿用水灭火，而应用二氧化碳灭火器、沙子和干粉灭火器等灭火。加热时着火，立即停止加热，关闭煤气总阀，切断电源，再用四氯化碳灭火器灭火，不能用泡沫灭火器灭火，以免触电。衣服着火时，应立即设法脱掉衣服或就地打滚，压灭火苗。

第二章 »»»
定量分析化学实验基本知识

一、 玻璃器皿的洗涤

定量分析实验中经常使用各种玻璃仪器和器皿。如果在实验中使用不清洁的器皿，则会由于污染物和杂质的存在而干扰测定，而得不到准确的结果。因此，玻璃器皿的洗涤是实验中的一项重要内容。

一般说附着在仪器上的污染物有尘土和其他不溶性物质、可溶性物质、有机物和油垢等，针对不同性质的污染物，可分别选用下列方法进行洗涤。

（1）用水刷洗

根据所洗仪器的形状选用毛刷，如试管刷、烧杯刷、锥形瓶刷、滴定管刷等。用水刷洗玻璃器皿，可除去器皿表面上的灰尘、可溶性物质和不溶性物质。

（2）用去污粉、皂液和合成洗涤剂洗

洗涤器皿时，先将器皿用水刷洗一遍，再用毛刷蘸取适量洗涤液刷洗，然后用自来水冲洗干净。这些洗涤剂可以洗去油脂或某些有机物。若仍洗不干净时，可用热碱液洗。

（3）用洗液洗

对于一些不能用毛刷刷洗的器皿，如坩埚、蒸发皿、称量瓶、容量瓶、滴定管等，宜用洗液洗涤，必要时洗液可预先加热。洗液是浓硫酸和饱和重铬酸钾溶液的混合物，配制时将 25g 粗 $K_2Cr_2O_7$ 溶于 50mL 热水中，冷却后慢慢加入（不断搅拌）浓硫酸 450mL 即成。新配制的洗液为深褐色，有很强的氧化性和酸性。使用洗液时应避免引入大量的水和还原性物质（如某些有机物），否则会因洗液冲稀或变绿而失效。洗液中浓硫酸易吸水，不用时应贮存于带磨口的玻璃细口瓶中。

洗液具有很强的腐蚀性，铬有毒性，用时必须特别小心，注意安全。洗涤移液管时，绝对不能用口吸，只能使用洗耳球吸取。洗液可反复使用，用过的洗液，应倒回原装瓶下次再用，绝不允许倒入水槽内。洗液经多次使用后，效力降低时，可加入适量的 $KMnO_4$ 粉末再生。

（4）用特殊的试剂洗

如用盐酸-乙醇洗涤液洗涤染有颜色的有机物质的比色皿；用适当的酸可洗去难溶

的氢氧化物、硫化物等；用酸性硫酸亚铁溶液洗涤沾有 MnO_2 污物的器皿，会收到更好的效果。

已洗净的仪器壁上，应该清洁透明，其内壁被水均匀地湿润，且不挂水珠。最后用蒸馏水洗涤 2～3 次即可。

二、 实验用水的规格及选用

在定量分析化学实验中，根据任务和要求的不同，对水的纯度要求也不同。对于一般的分析实验工作，采用蒸馏水或去离子水即可，对于微量或痕量组分的分析，要求用纯度较高的二次蒸馏水或高纯水。

天然水存在很多杂质，不能直接作为分析用水。欲得到纯净的水，必须经过纯化处理，经过提纯的水叫作纯水。化学分析中所用的水及洗涤仪器时最后淋洗用的水都是纯水。用不同的纯化方法，可得到纯度不同的水。

（1）蒸馏水

将天然水用蒸馏器蒸馏而得的水叫蒸馏水。目前使用的有玻璃、铜、石英等材质的蒸馏器。蒸馏法能除去水中非挥发性杂质，但不能除去溶于水中的气体杂质。

一次蒸馏水可用来淋洗要求不太严格的玻璃器皿和配制一般实验用的溶液。蒸馏水中允许的杂质总量不大于 $1～5mg \cdot L^{-1}$。

二次蒸馏水又称重蒸馏水，是将一次蒸馏水再次蒸馏而得的，也可由二次蒸馏器蒸馏得到。蒸馏时，在水中加入适当试剂如 $NaOH$ 和 $KMnO_4$ 等，以抑制某种杂质的挥发，或使某种杂质迅速挥发除去。

收集中间馏出部分的二次蒸馏水，在 25℃ 时的电导率应小于 $1.0 \times 10^{-6} S \cdot cm^{-1}$。用于二次蒸馏的玻璃蒸馏器材质必须是硬质玻璃。使用石英蒸馏器可获得高纯水，高纯水应贮存在石英或聚乙烯塑料容器中。

（2）去离子水

这是应用离子交换树脂来分离水中杂质离子的方法得到的，用此法制得的水常称为"去离子水"。此法不能除去非电解质（有机物），其电导率不能表示非电解质的污染程度。一般分析实验可使用去离子水。

（3）电渗析水

电渗析水是用电渗析法制得的水。电渗析法是在外电场的作用下，利用阴、阳离子交换膜对溶液中离子进行选择性透过而使杂质离子自水中分离出来的方法。此法去除杂质效率较低，适用于要求不高的分析工作用水。

纯水质量的检验项目和方法可参考有关资料。

三、 化学试剂的规格及选用

我国化学试剂产品有国家标准（GB）、化工部标准（HG）及企业标准（QB）三级。一般试剂是实验室最普遍使用的试剂，以其中所含杂质多少，又分为四个等级及生化试剂等，其标志、适用范围和标签颜色见表 2-1。

表 2-1　一般试剂规格和适用范围

等级	名称	英文名称	英文缩写	标签颜色	适用范围
一级品	优级纯（保证试剂）	Guaranteed Reagent	G. R.	绿色	纯度很高，适用于精密分析工作和科学研究工作
二级品	分析纯（分析试剂）	Analytical Reagent	A. R.	红色	纯度仅次于一级品，适用于多数分析工作和科学研究工作
三级品	化学纯	Chemical Pure	C. P.	蓝色	纯度较二级差些，适用于一般分析工作
四级品	实验试剂	Laboratory Reagent	L. R.	棕色或其他颜色	纯度较低，适用于实验辅助试剂
	医用生物试剂	Biological Reagent	B. R. 或 C. R.	黄色或其他颜色	

除上述一般试剂外，还有标准试剂、高纯试剂、专用试剂，例如用来作为光谱分析中标准物质的光谱纯试剂（符号 S. P.），作为色谱分析中标准物质的色谱纯试剂以及作为定量分析中基准物的基准试剂（纯度相当于或高于保证试剂）等。

原装瓶的化学试剂，标签上注明有试剂名称、化学式、摩尔质量、等级、纯度和杂质的最高含量，还有净重或体积、生产许可证、生产批号、厂名、出厂日期等，危险品和剧毒品也有相应的标记。使用时应根据分析要求的不同，恰当地选用不同规格的试剂。既要注意节约原则，又要根据分析工作需要取用；既不能以高纯试剂当作低纯试剂使用，也不能用低纯试剂代替高纯试剂。否则，前者会造成很大浪费，后者会影响分析结果，甚至得出错误结论。

此外，在选用试剂的纯度时还应注意：除了要与所用的分析方法相适应外，还要有相应的分析用水和操作器皿与之配合，才能发挥高纯试剂的作用，以达到实验精度的要求。例如选用 G. R. 级的试剂，则应使用经两次蒸馏制得的重蒸馏水。储存高纯度试剂时，所用器皿的质量也要求较高，如使用硬质硼硅玻璃器皿或塑料器皿。使用过程中不应有杂质溶解到溶液中，以免影响测定的准确度。

分析人员必须对化学试剂标准有一明确的认识，做到科学合理地存放和使用化学试剂。

四、 滤纸及滤器

（1）滤纸

定量分析化学实验中常用的有定量分析滤纸和定性分析滤纸两种。按过滤速度和分离性能的不同，可分为快速、中速和慢速三类。我国国家标准（GB/T 1914—2017）对定量滤纸和定性滤纸产品规定的主要技术指标包括质量（单位 $g \cdot mL^{-2}$）、分离性能、过滤速度、耐湿程度（对于定量滤纸）、灰分、标志（盒外纸条）、圆形纸直径等。

定量滤纸又称为无灰滤纸，即其灰分很低。例如每张直径为125mm的定量滤纸的质量约为1g，但灼烧后其灰分的质量不超过0.1mg，在重量分析实验中，可以忽略不计。定性滤纸的质量不及定量滤纸，其他杂质含量也比定量滤纸高，但价格比定量滤纸低。在分析化学实验中应根据实际需要，合理选择滤纸。

（2）烧结(多孔)滤器

这是一类通过高温烧结将玻璃、石英、陶瓷、金属或塑料等材料的颗粒黏结在一起的方法所制造的微孔滤器，其中以玻璃滤器最为常用。

我国从1990年起对这类滤器执行新的国家标准（GB 11415—1989）。这类滤器的牌号和分级见表2-2。其牌号的规定以每级孔径的上限值前加字母"P"表示。应注意过去使用多年的玻璃滤器的旧型号与新型号的对照。例如实验中常用的P40（G3）和P16（G4）号玻璃滤器，在过滤金属汞时用 G3 号滤器，过滤 $KMnO_4$ 溶液时用 G4 号漏斗式滤器，重量法测定镍时用 G4 号坩埚式过滤器。

表 2-2　实验用滤器的牌号和分级

牌号	孔径分级/μm	
	大于	小于等于
P1.6	—	1.6
P4	1.6	4
P10	4	10
P16	10	16
P40	16	40
P100	40	100
P160	100	160
P250	160	250

新的滤器在使用前要经酸洗、抽滤、水洗、抽滤、晾干或烘干等处理。使用后的滤器也应及时清洗，因为滤器的滤片容易吸附沉淀物和杂质。清洗的原则是选用能分解或溶解残留物的洗涤液进行浸泡、抽滤，再用水洗净。表2—3列出某些沉淀物的常用化学清洗方法。

表 2-3　某些沉淀物的常用化学洗涤方法

沉淀物	洗涤液
脂肪等	CCl_4 或适当的有机溶剂
各种有机物	铬酸洗液浸泡
氯化亚铜、铁斑	含 $KClO_4$ 的热浓盐酸
硫酸钡	100℃的浓硫酸
汞渣	热浓硝酸
氯化银	氨水或硫代硫酸钠溶液
铝质、硅质残渣	先用 $20g \cdot L^{-1}$ HF 洗,继用浓硫酸洗,立即用蒸馏水、丙酮漂洗,反复几次

（3）滤膜

滤膜是海水分析中的重要滤器，也是环境分析中的重要工具。海水分析中，通常用 $0.45\mu m$ 滤器过滤的方法来区分海水中的溶解物和颗粒物。通过这种滤器的海水试样中的全部组分（包括溶解的和分散的），都认为是可溶解组分。

第三章 >>>
定量分析化学实验仪器和基本操作

一、玻璃量器

滴定管、移液管（或吸量管）和容量瓶是定量分析化学实验常用的玻璃量器，必须规范进行操作，才能取得准确的分析结果，下面分别介绍其基本操作方法。

1. 滴定管及其使用

滴定管是滴定时用来准确测量流出溶液体积的量器。一般分为酸式滴定管和碱式滴定管两种（如图3-1所示）。酸式滴定管用来盛装酸性或氧化性的稀溶液；碱式滴定管用来盛装碱性或还原性溶液。常用滴定管的容积为50mL和25mL，可以读至小数点后两位，一般读数误差为±0.01mL。

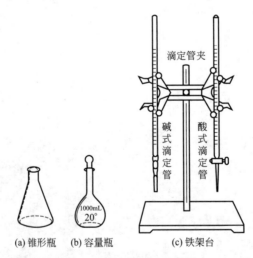

(a) 锥形瓶　　(b) 容量瓶　　　　(c) 铁架台

图 3-1　滴定常用玻璃仪器

（1）使用滴定管之前应做的准备工作

① 检漏　检查滴定管是否漏水时，可关闭活塞，在管内装满水，将滴定管夹在滴定管架上，观察管口及活塞两端是否有水渗出，将活塞转动180°再观察一次，如无漏水现象，进行洗涤之后，即可使用。如果酸式滴定管漏液则需要涂凡士林，碱式滴定管

漏液只需要上下移动玻璃珠或更换橡皮管。

②涂油　酸式滴定管漏液或旋塞转动不灵活，可将旋塞取下，用滤纸片擦净，并用干净的滤纸片包住旋塞，塞入旋塞槽擦拭干净，然后用玻璃棒或手指在旋塞两端涂上少许凡士林。涂油不要过多或过少，过多容易将旋塞小孔堵住，过少则容易漏液或转动不灵活。再将旋塞平行插入旋塞槽，朝一个方向转动直至旋塞灵活且外观均匀透明。为了防止在滴定过程中旋塞脱出，可用一橡皮筋套住旋塞。旋塞上涂油手法如图 3-2 所示。

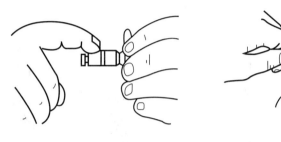

图 3-2　旋塞涂油手法

③洗涤　无明显油污的滴定管，可直接用自来水冲洗，然后用少量蒸馏水润洗 2～3 次。洗净的滴定管内壁应不挂水珠或水滴可均匀流下。有油污的滴定管，需使用洗涤剂或铬酸洗液浸洗。酸式滴定管可直接倒入铬酸洗液浸泡一段时间。用铬酸洗液浸洗碱式滴定管时，先取一定量洗液倒入 100mL 烧杯中，把碱式滴定管内的玻璃珠取出，管口向下倒置。然后用洗耳球从尖嘴一端抽气，将洗液吸入滴定管内，当洗液上升到一定的高度后，用弹簧夹夹紧橡皮管，静置几分钟，最后松开弹簧夹，使铬酸洗液流回烧杯中回收洗液。用铬酸洗液洗完后，再用自来水冲洗直至流出的水无色，且管内壁不挂水珠，然后用蒸馏水润洗 2～3 次。

用蒸馏水润洗滴定管，先倒入 15mL 左右蒸馏水于滴定管中，两手平端滴定管并不断转动，直到蒸馏水浸泡到整管内壁，然后将蒸馏水从尖嘴放出。

④装液　为确保滴定溶液的浓度不变，装液时，先要用待装液润洗滴定管，每次用 10～15mL，洗涤 2～3 次，方法与蒸馏水润洗相同。再将溶液直接加入滴定管中，至"0"刻度以上，开启旋塞或挤压玻璃球，驱逐出滴定管下端的气泡。对于酸式滴定管，只要将酸式滴旋塞开启，气泡会随溶液流出。对于碱式滴定管，可将橡皮管稍向上弯曲，挤压玻璃球，使溶液从玻璃球和橡皮管之间的隙缝中流出，气泡即被排出（如图 3-3 所示）。排完气泡后再将溶液补至零刻度线以上，调整液面至"0.00"或稍下刻度处，记录初始读数。

⑤读数　读数误差是滴定误差的主要来源，因此，掌握正确的读数方法是关键。取下滴定管，用右手大拇指和食指捏住滴定管上部无刻度处，使滴定管保持垂直。并使自己的视线与所读凹液面切线处于水平，读数保留到小数点后第二位小数（见图 3-4）。在对浅色或无色溶液读数时，可在管的背面衬一张白色卡。有蓝线衬背的滴定管读数应以两凹液面相交的最尖部分读数。对深色溶液，则按液面两侧最高点相切处读数。

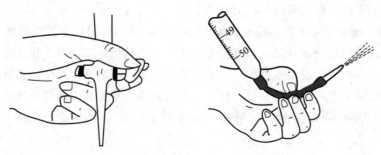

图 3-3   酸式滴定管和碱式滴定管排气泡法

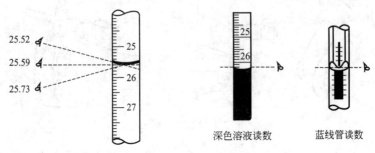

深色溶液读数   蓝线管读数

图 3-4   滴定管读数方法

（2）滴定

① 滴定操作的正确姿势如图 3-5 所示。以左手的大拇指、食指和中指三个手指控制旋塞，而无名指、小指抵住旋塞下部，三个手指略微向掌心用力，钩紧旋塞，掌心不要接触旋塞，以免将旋塞推出导致漏液。为了防止滴至外面，滴定管下端应伸入锥形瓶口或在烧杯口内 1cm 左右处。右手持锥形瓶使瓶向同一方向做圆周运动（或用玻璃棒搅拌烧杯中的溶液）。若使用碱式滴定管，则用左手的大拇指和食指挤压橡皮管内的玻璃珠上半部分，使之与橡皮管之间形成一条可控制的缝隙，即可控制滴定剂的流出。不要捏挤玻璃珠的下部，如捏在下部，这样放手时尖嘴会倒吸入气泡。滴定和振摇溶液要同时进行，不要间断。

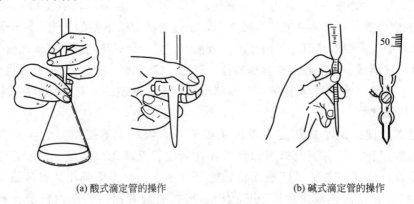

(a) 酸式滴定管的操作   (b) 碱式滴定管的操作

图 3-5   滴定操作示意图

② 溶液滴定不要太快，否则易超过终点。在快到终点时溶液应逐滴（甚至半滴）

滴下。滴加半滴的方法是使液滴悬挂管尖而不让液滴自由滴下，再用锥形瓶内壁轻触液滴，然后用少量蒸馏水将其洗入锥形瓶内。

③ 滴定时所用操作溶液的体积应从"0"刻度附近开始，每次用量一般控制在20～30mL。

④ 滴定过程中，尤其将近终点时，应用洗瓶将溅在内壁上的溶液吹洗下去。

⑤ 读数时不能将滴定管夹在铁架台。在溶液快速滴出后，应等待片刻，让溶液完全从壁上流下后再读数。

（3）滴定管用后的处理

滴定管用完后，将残液倒出，用水洗净，倒置在滴定管架上，以备下次使用。

2. 移液管和吸量管的使用

移液管和吸量管都是准确移取一定体积溶液的量器，如图 3-6 所示。移液管是一根细长而中间膨大（球部）的玻璃管，在管的上端有一环形标线，膨大部分标有它的容积和标定时的温度。常用的移液管有 5mL、10mL、25mL、50mL 等规格，用于准确移取某一固定体积的液体；吸量管是具有分刻度、内径均匀的直形玻璃管，可用于量取所需的不同体积的溶液，常用的吸量管有 1mL、2mL、5mL、10mL 等规格。

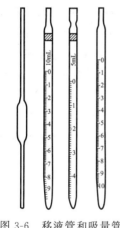

图 3-6　移液管和吸量管

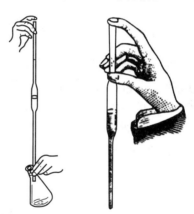

图 3-7　移液管的操作

（1）移液管和吸量管的洗涤

有明显油污的移液管和吸量管在使用前要用铬酸洗液洗涤，洗涤内壁操作如图 3-7 所示。用右手的拇指和中指拿住移液管或吸量管的上管颈标线以上部位，使管下端伸入洗液中。管口不要接触容器底部，用洗耳球将洗液缓缓吸至接近上管口时，移开洗耳球，用右手食指迅速按住管口，稍等片刻，放开右手食指，使移液管或吸量管管口放回原瓶中，待洗液流尽后，取出将管倒置，使管上端未浸过的部分浸入洗液中，浸泡片刻后取出，待洗液流尽后，用自来水冲洗内外壁，直到洗净，再用蒸馏水润洗 2～3 次。

（2）移液管和吸量管操作方法

当第一次用洗净的移液管或吸量管吸取溶液时，应先用滤纸将尖端内外的水吸净，否则会因水滴引入而改变溶液的浓度。然后，用所要移取的溶液将移液管润洗 2～3 次，以保证移取的溶液浓度不变。移取溶液时，一般用右手的拇指和中指拿住管颈标线上方，将移液管插入溶液中，管子插入溶液不要太深或太浅，太深会使管外沾附溶液过多，影响量取溶液体积的准确性；太浅往往会产生空吸，所以，在吸液时要随液面及时调整插入的深度。左手拿洗耳球，先把球内空气压出，然后把球的尖端贴紧移液管口，慢慢松开左手指使溶液吸入管内（如图 3－7 所示）。当液面升高到零刻度以上时移去洗耳球，立即用右手的食指按住管口。将移液管提离液面，然后使管尖端靠着盛溶液器皿的内壁，调节食指的松紧度，让溶液慢慢且可控流出，液面平稳下降，直到溶液的凹液面与零刻度线相切时，立刻用食指压紧管口。取出移液管，把准备承接溶液的容器稍倾斜，将移液管伸入容器中，使管垂直，管尖靠着容器内壁，松开食指，让管内溶液全部自然地沿器壁流下，再等待 10～15s 后，取出移液管。若管上刻有"吹"字、"快"字的，则要将管尖内的残留溶液全部吹出至容器中。使用吸量管时，最好从"0"刻度落到另一刻度，这样移出的体积恰好等于所需体积。

移液管或吸量管用完后，若短时间内不再用它吸取同一溶液，则需立即用自来水冲洗，再用蒸馏水洗净后，放在移液管架上。

3. 容量瓶的使用

容量瓶是一种常用的容量器皿，为细长颈梨形平底瓶，常用于配制或稀释准确浓度的溶液，容量瓶带有磨口玻璃塞或塑料塞，不能受热，不得贮存溶液，不能在其中溶解固体，瓶塞与瓶颈是配套的，不能互换。在其颈上有一标线，在指定温度下，当溶液充满至凹液面与标线相切时，所容纳的溶液体积等于瓶上标示的体积。容量瓶通常有 25mL、50mL、100mL、250mL、500mL、1000mL 等规格。

（1）容量瓶的准备

使用前要检查是否漏水（如图 3-8 所示），在瓶中加水至标线，右手拿住瓶底，左手

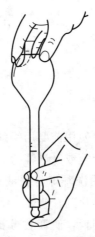

图 3-8　容量瓶的试漏

食指按住磨口玻璃塞，将瓶倒立，观察有无渗水，将磨口玻璃塞旋转 $180°$，再次观察是否漏水。如不漏水，即可使用，并用橡皮筋将塞子系在瓶颈上。如果没有橡皮筋，尽量瓶塞

不要松手，防止将塞子拿乱。容量瓶使用前先用自来水洗涤干净，再用蒸馏水润洗。

（2）操作方法

如果是用固体物质配制标准溶液，先将准确称取的固体物质于小烧杯中溶解后，等溶液恢复至室温，再将溶液定量转移到预先洗净的容量瓶中。定量转移溶液的方法如图3-9所示。一手拿着玻璃棒，使玻璃棒下端靠在瓶颈内壁；一手拿烧杯，让烧杯嘴贴紧玻璃棒，慢慢倾斜烧杯，使溶液沿着玻璃棒流下。倾倒完溶液后，将烧杯直立，玻璃棒仍应贴紧烧杯嘴口轻轻上提放回烧杯，使附在玻璃棒和烧杯嘴之间的液滴回到烧杯中，再用洗瓶以少量蒸馏水冲洗烧杯3～4次，每次用水应尽量少，洗出液全部转入容量瓶中。定量转移后要进行定容。定容操作如图3-10所示。先慢慢加蒸馏水至接近标线稍低1cm处时，等待1～2min，使瓶颈内壁的溶液完全流下后，继续以滴管逐滴加水至凹液面恰好与标线相切。盖上瓶塞，以手指压住瓶盖，另一手托住瓶底缘，将瓶倒转并摇动，再倒转过来，使气泡上升到顶，如此反复多次，使溶液充分混合。

图 3-9　定量转移操作

如果把浓溶液定量稀释，则用移液管或吸量管吸取一定体积的浓溶液放入容量瓶中，同前法加蒸馏水定容，摇匀即可。

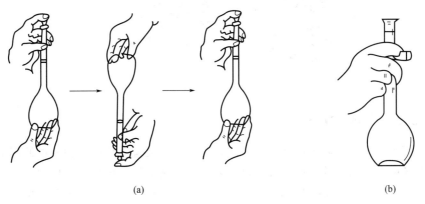

(a)　　　　　　　　　　　　　　　　　(b)

图 3-10　容量瓶定容的操作方法（a）及瓶塞尽量不离手的操作方法（b）

容量瓶不宜长时间存放溶液，如需长期保存溶液则应转入试剂瓶中。容量瓶用完后及时洗净，检查瓶塞与瓶号是否相符后，在瓶塞与瓶口之间垫一张小纸条，然后存放好。

移液管、吸量管和容量瓶都是有刻度的精确玻璃量器，均不宜放在烘箱中烘烤。

二、分析天平

分析天平是准确称量物质质量的精密仪器。了解分析天平的原理和性能，掌握正确的称量方法，是定量分析化学实验的重要内容之一。

分析天平的种类很多，按其称量原理一般可分为杠杆式机械加码和电子天平两大类，例如万分之二空气阻尼天平、单盘电光天平、TG-328B 半机械加码电光天平（半自动电光天平）、TG-328BA 全机械加码电光天平（全自动电光天平）和 FA1004、JA5003 电子天平等。随着科学技术的发展，电光分析天平已被淘汰，因此，下面主要介绍目前定量分析化学实验中使用最多的电子天平。

电子天平如图 3-11 所示，其特点是操作简便，称量准确可靠、显示快速清晰。一般电子天平都装有处理芯片，它是传感技术、模拟电子技术、数字电子技术和微处理器技术发展的综合产物，具有自动校准、自动显示、去皮重、自动数据输出、自动故障寻迹、超载保护等功能。新型电子天平还具有自动保温系统、四级防震装置，具有现场称量、自动浮力校正等许多功能，以及红外感应式操作（如开门、去皮）等附加功能。

图 3-11　电子天平

1. 电子天平的称量原理

电子天平是基于电磁学原理制造的，它利用电子装置完成电磁力补偿的调节，使物体在重力场中实现力矩的平衡，或通过电磁力矩的调节使物体在重力场中实现力矩的平衡。具有准确度高、稳定性好等特点。当秤盘上加上被称物时，传感器的位置、检测器信号发生变化，并通过放大器反馈使传感器线圈中的电流增大，该电流在恒定磁场中产生一个反馈力与所加载荷相平衡；同时，该电流在测量电阻 R_m 上的电压值通过滤波器、模/数转换器送入微处理器，进行数据处理，最后由显示器自动显示出被称量物质的质量数值。分析中常用精密度为 0.1mg 的电子天平，即万分之一天平。

2. 电子天平的结构 (以万分之一天平为例)

电子天平功能如图 3-12 所示。

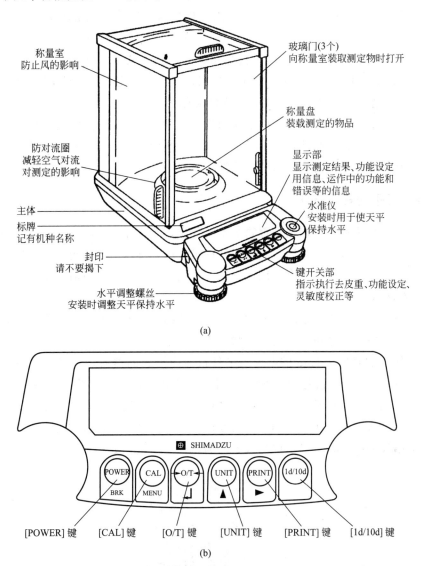

(a)

(b)

图 3-12　岛津 AUY 系列电子天平（a）及键开关的基本功能（b）

3. 电子天平的简易操作

（1）调水平　调整地脚螺栓高度，使水平仪内空气泡位于圆圈中央。

（2）开机　接通电源，按开关键［POWER］至全屏显示，进入自检。

（3）预热　天平在初次接通电源或长时间断电之后，至少需要预热 30min。待显示屏上出现稳定的 0.0000g 即可开始称量。为取得理想的测量结果，天平应保持在待机状态。但首次使用天平必须进行校正。

（4）校正 首次使用天平必须进行校正。称量盘上无称量物时，按校正键[CAL]，显示屏上显示"CAL"，按 [O/T]，0.0000g闪烁，30s后自动确定，显示100.0000g并闪烁。打开称量室的玻璃门，放上质量为100.0000g的砝码，关上玻璃门。稍等片刻，显示 [CAL End] 时将砝码从称量盘上取下，关上玻璃门，灵敏度调整结束。

（5）称量 按下去皮键 [O/T]，使显示为0.0000g调零。打开天平门，将样品瓶（或称量纸）放在天平的称量盘中，关上天平门，待读数稳定后记录显示数据。

（6）关机 按开关键 [POWER] 至待机状态。

由于电子天平自重较轻，使用中容易因碰撞而发生位移，进而可能造成水平改变，故使用过程中动作要轻。此外，电子天平还有一些其他的功能键，有些是供维修人员调校用的，未经允许学生不要使用这些功能键。

4. 电子天平的称量方法

使用电子天平称量，可根据被称物的不同性质，采用相应的称量方法。常用的称量方法有直接称量法和减量称量法。无论何种称量方法，称量时都不得用手直接接触天平或取放被称物，可戴干净的手套、用纸条包住或用镊子取放，称量时天平门要关好。

（1）直接称量法

直接称量法适用于称量洁净干燥的器皿、块状的金属及不易潮解或升华的固体试样及不易吸湿、在空气中性质稳定的粉末状物质。

例如，使用精度为0.1mg的电子天平称量洁净干燥的器皿，开机预热后，天平显示屏显示为0.0000g，当被称物品为干燥器皿或块状金属时，可将被称物放在称量盘上，直接称量其质量，显示屏的读数即为被称物的质量。当需要称取一定准确质量的粉末状试样时，准备一个洁净干燥的器皿或专用称量纸，平衡后按去皮键，去皮清零，倒入试样，关闭天平门称量，显示屏的读数即为试样的质量，如图3-13所示。

图3-13 直接称量法

（2）减量称量法

此法适于称量易吸湿、易氧化及易与 CO_2 反应的物质。用此法称量的试样，应盛放在称量瓶内。称量瓶是具有磨口玻璃塞的容器，使用前必须洗净烘干，在干燥器内冷却至室温。不能放在不干净的地方，以免沾污称量瓶。

首先将试样装入称量瓶内，盖上瓶盖。用手套或干净的纸条套住称量瓶，将称量瓶放在称量盘上，称出称量瓶加试样的准确质量，按去皮键，调零，仍用纸条套住称量瓶，将其从称量盘上取出，另取干净纸片包住瓶盖柄，在烧杯上方打开瓶盖，慢慢倾斜称量瓶身。用瓶盖轻轻敲瓶口上部，使试样缓缓落入容器中，如图3-14 所示。直到倒出的试样接近所需要的试样量时，边敲边慢慢竖起称量瓶，使黏附在瓶口的试样落入容器或落回称量瓶中，再盖好瓶盖。把称量瓶放回称量盘上，显示屏读数为倾倒出试样的负值，记录读数绝对值，即为倾出样品的质量。若第一次倒出的试样量不够时，可将称量瓶取出继续倒出试样，再放入称量盘称量，如在允许的称量范围内，则记录数据。在称取一份试样时，若倾倒次数过多，会因为频繁打开称量瓶盖，使试样吸潮，引起误差。若倒出的试样超过所需质量时，只能重新称量。

图 3-14　减量称量法

三、 可见分光光度计

用来记录和测量待测物质对可见光的吸光度并进行定量分析的仪器，称为可见分光光度计。常用可见分光光度计有 721 型和 722 型分光光度计，主要的区别是 721 型分光光度计使用棱镜为分光系统，722 型分光光度计以光栅为分光系统。现以 722 型光栅分光光度计为例，介绍可见分光光度计的使用方法。

1. 722 型光栅分光光度计的工作原理

722 型分光光度计以碘钨灯为光源，光进入单色器，经光栅衍射作用形成单色光，单色光照入吸收池被溶液吸收后，其透过光照射到光电管上被检测，再通过数字显示器显示吸光度或透光度读数。波长刻度盘下面的旋钮可以转动光栅角度，可以使不同波长的单色光照射到吸收池，从而改变入射波长，如图3-15 所示。

2. 722 型光栅分光光度计的使用方法

① 预热　仪器开机后灯及电子部分需热平衡，需要开机预热 30min 后才能稳定。

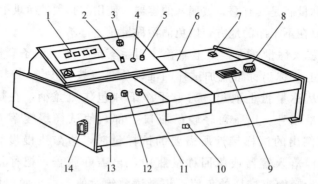

图 3-15   722 型光栅分光光度计结构示意图

1—数字显示器；2—透光率指示灯；3—功能选择按钮；4—吸光度指示灯；

5—浓度指示灯；6—光源室；7—电源开关；8—波长手轮；9—波长刻度窗；

10—试样架拉手；11—100%旋钮；12—0%旋钮；13—灵敏度旋钮；14—干燥剂

② 调整波长   使用仪器上的波长旋钮即可方便地调整仪器当前测试波长，具体波长由旋钮左侧的显示窗显示，读出波长时目光垂直观察。

③ 模式调节   用 MODE 键转换 TRANS（透射比）、ABS（吸光度）、FACT（浓度因子）、CONC（浓度直读）各标尺，并由"TRANS"、"ABS"、"FACT"、"CONC"指示灯分别指示，开机初始状态为 TRANS，每按一次顺序循环。

④ 调零 0%T   调节到测试所需波长后，按功能键调至透光率灯亮。打开试样盖或用不透光材料在样品室中遮断光路，然后按"0%T"键，即能自动调整零位。

⑤ 调整 100%T   将空白样品置入样品室光路中，盖下试样盖（同时打开光门），按下"100%T"键即能自动调整 100%，进入正确测试状态。

⑥ 测量   按功能调至吸光度灯亮。仪器试样槽架有四个位置，用仪器前面的试样槽拉杆可以改变试样槽位置，让不同样品进入光路，即可测出样品的吸光度。

样品槽中的样品位置最靠近测试者的为"1"位置，一般在"1"号位放入空白样品，其他依次为"2""3""4"位置，对应拉杆推向最内为"1"位置，依次向外拉出相应为"2""3""4"位置，当拉杆到位时有定位感，到位时请前后轻轻推动一下，以确保定位正确。

四、 酸度计

利用测量电动势来测量溶液 pH 的仪器，称为酸度计，也称 pH 计，它同时也可以用作测定电极电位及其他用途。实验中常用的酸度计有 pHS-10B、pHS-3B、pHS-3C、pHS-4CT、pHS-3CT、pHS-10B 等多种型号，下面以上海精密科学仪器有限公司的雷磁 pHS-3C 型酸度计为例，介绍其原理、结构及使用方法。

1. 结构

pHS-3C 型 pH 计是一台精密数字显示 pH 计，结构如图 3-16 所示。可用于测定水溶液的 pH，还可配上离子选择性电极，测溶液的电位（mV）值。pH 测量范围为

$0\sim14.00$，最小 pH 为 0.01；电位测量范围为 $0\sim\pm1999\mathrm{mV}$，最小电位值为 $0.1\mathrm{mV}$，温度补偿范围为 $0\sim60℃$。

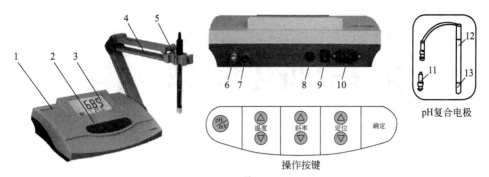

图 3-16　pHS-3C 型酸度计的结构

1—机箱盖；2—按键；3—显示屏；4—电极架；5—电极；6—测量电板插座；7—参比电极插座；8—保险丝；
9—电源开关；10—电源插座；11—测量电极头短路插头；12—pH 复合电极；13—电极保护瓶

2. 使用方法

（1）开机

接通电源后，预热 30min，接着进行标定。

（2）校准

仪器使用前先要校准。一般来说，仪器在连续使用时，每天只需要校准一次。

① 在测量电极插座处拔去短路插头。

② 在测量电极插座处插上 pH 复合电极，如不用复合电极，则在测量电极插座处插上电极转换器插头，将玻璃电极插头插入转换器插座处，参比电极接入参比电极接口处。

③ 把 pH/mV 按键选择 pH 挡。

④ 调节温度旋钮至温度为室温。

⑤ 把活化 24h 后的 pH 复合电极插入 $pH=6.86$ 的缓冲溶液中，按定位键显示 std YES，按确认键。

⑥ 用蒸馏水清洗电极，再插入 $pH=4.00$（或 $pH=9.18$）的标准缓冲溶液中，待数据稳定，按斜率键，仪器自动识别后，按确认键。

⑦ 仪器完成校准。

（3）测量 pH

经校准过的仪器，即可用来测量被测溶液，测量步骤如下。

① 用蒸馏水清洗电极头部，再用被测溶液清洗一次。

② 如果被测溶液和定位溶液温度相同，则直接进行下一步测量。如果温度不同时，用温度计测出被测溶液的温度值，按温度键，使仪器显示准确温度值后，按确认键，再进行 pH 测量。

③ 把电极浸入被测溶液中，用玻璃棒搅拌溶液，使溶液均匀，在显示屏上读出溶液的 pH。

第四章

定量分析化学实验内容

分析天平的称量练习（差减法）

一、 实验目的

1. 熟悉天平的结构，学会正确使用电子天平。
2. 掌握减量称量法的操作及注意事项。

二、 仪器和试剂

1. 仪器

电子天平，瓷坩埚，称量瓶。

2. 试剂

固体试样。

三、 实验内容

1. 直接称量法

取一只洁净、干燥的瓷坩埚，按"直接称量法"的方法和步骤，称取瓷坩埚的准确质量为 m_0，记录有关数据。

2. 减量称量法

取一个装有固体试样的称量瓶，按"减量称量法"的方法和步骤，称取 $0.4\sim0.5g$ 的试样，置于坩埚内。

3. 称量结果的误差

称量装有 $0.4\sim0.5g$ 样品的坩埚质量，与前面所称样品质量与空坩埚质量进行比较，即可得称量误差。

四、 数据记录和处理

定量分析化学实验数据的记录和处理，一般采用表格的形式更加简单清楚明了。例如分析天平的称量练习数据记录如下：

测定次数 项目	I	II
瓷坩埚质量 m_0/g		
(称量瓶＋样品质量)m_1/g		
倾出样品后称量瓶的质量 m_2/g		
(瓷坩埚质量＋样品质量)m_3/g		
样品质量 $m = m_1 - m_2$/g		
操作结果检验 $m - (m_3 - m_0)$/g		

五、 思考题

1. 天平称量时，通常只打开天平的左右侧门，不得开前门，为什么？读数时，如果没有把天平门关好，会引起什么后果？

2. 称量时，为什么不能用手直接拿取称量瓶？应该怎样正确拿取称量瓶？倾倒样品时，称量瓶盖子能否放在实验台上，为什么？

3. 称量记录和计算中，如何正确使用有效数字？

滴定操作练习（酸碱比较滴定）

一、 实验目的

1. 了解并掌握滴定管、锥形瓶等滴定分析常用仪器的洗涤方法和使用方法。
2. 反复练习酸碱滴定的基本操作，能准确掌握酸碱滴定的终点。

二、 仪器和试剂

1. 仪器

酸式滴定管（50mL），碱式滴定管（50mL），烧杯（250mL），锥形瓶（250mL），滴定管架。

2. 试剂

NaOH 溶液（0.1mol·L^{-1}），HCl 溶液（0.1mol·L^{-1}），酚酞指示剂（0.2%），甲基橙指示剂（0.2%）。

三、 实验内容

1. 按基本操作介绍的要求，对所用的仪器进行洗涤装液，赶气泡。
2. 调节操作溶液的液面在"0"刻度附近（最好在"0"刻度上）。
3. 0.1mol·L^{-1} HCl 溶液滴定 0.1mol·L^{-1} NaOH 溶液。

由碱式滴定管中缓慢放出 0.1mol·L^{-1} NaOH 溶液 25mL 左右至洁净的 250mL 锥形瓶中，加入 1~2 滴甲基橙指示剂，用 0.1mol·L^{-1} HCl 溶液滴定。滴定开始时速度以每秒 3~4 滴为宜，边滴边观察溶液颜色的变化，接近终点时，速度要减慢，再一滴一滴地加，直到加入一滴或半滴，使溶液由黄色变成橙色，即为滴定终点。如滴定过量，溶液颜色为红色，此时可在锥形瓶中滴入少量 NaOH 溶液，溶液由红色变成黄色，再由酸式滴定管中滴加少量 HCl 溶液，使溶液由黄色变成橙色，如此反复练习滴定操作和观察终点。读准最后所用的 HCl 和 NaOH 溶液的体积，并求出滴定时两溶液的体积比 $V(HCl)/V(NaOH)$。要求平行滴定 2~3 次。

4. 0.1mol·L^{-1} NaOH 溶液滴定 0.1mol·L^{-1} HCl 溶液。

由酸式滴定管放出 0.1mol·L^{-1} HCl 溶液 25mL 左右于另一只 250mL 锥形瓶中，加入 1~2 滴酚酞指示剂，用 0.1mol·L^{-1} NaOH 溶液滴定至微红，30s 不褪色，即为终点。向锥形瓶中再滴入几滴酸溶液褪至无色，再由碱式滴定管滴入 NaOH 至终点。如此反复练习。最后读取所用 NaOH 和 HCl 溶液的体积，平行滴定 2~3 次。

四、 数据记录和处理

0.1mol·L^{-1}HCl 溶液滴定 0.1mol·L^{-1}NaOH 溶液 （甲基橙指示剂）

测定次数 项目	I	II
NaOH 终读数/mL		
NaOH 初读数/mL		
V(NaOH)/mL		
HCl 终读数/mL		
HCl 初读数/mL		
V(HCl)/mL		
V(HCl)/V(NaOH)		
V(HCl)/V(NaOH)平均值		
相对偏差 D_r		

0.1mol·L^{-1}NaOH 溶液滴定 0.1mol·L^{-1}HCl 溶液 （酚酞指示剂）

测定次数 项目	I	II
HCl 终读数/mL		
HCl 初读数/mL		
V(HCl)/mL		
NaOH 终读数/mL		
NaOH 初读数/mL		
V(NaOH)/mL		
V(NaOH)/V(HCl)		
平均值 V(NaOH)/V(HCl)		
相对偏差 D_r		

酸碱溶液的配制和标定

一、 实验目的

1. 学会酸碱标准溶液的配制和标定方法。
2. 进一步掌握分析天平的使用方法和滴定基本操作。

二、 实验原理

酸碱滴定法最常用的标准溶液是 HCl 和 NaOH 溶液。由于浓盐酸易挥发，氢氧化钠易吸收空气中的水分和 CO_2，故需用标定法配制其标准溶液。即先配制近似所需浓度的溶液，然后用基准物质标定或用标准酸碱溶液比较滴定，从而确定其准确浓度。

标定 HCl 最常用的基准物质是硼砂（$Na_2B_4O_7 \cdot 10H_2O$）及无水碳酸钠。

用无水碳酸钠标定 HCl 的溶液的反应如下：

$$Na_2CO_3 + 2HCl \Longrightarrow H_2O + 2NaCl + CO_2 \uparrow$$

当反应达化学计量点时，溶液 pH 为 3.9，pH 突跃范围为 3.5～5.0，可用甲基橙或甲基红作指示剂。

用硼砂（$Na_2B_4O_7 \cdot 10H_2O$）标定的反应如下：

$$Na_2B_4O_7 + 2HCl + 5H_2O \Longrightarrow 4H_3BO_3 + 2NaCl$$

化学计量点时，反应产物为 H_3BO_3（$K_{a1} = 5.8 \times 10^{-10}$），溶液的 pH 为 5.1，故可用甲基红作指示剂。

标定 NaOH 最常用的基准物质是邻苯二甲酸氢钾及草酸（$H_2C_2O_4 \cdot 2H_2O$）。

用邻苯二甲酸氢钾标定 NaOH 溶液的反应如下：

$$KHC_8H_4O_4 + NaOH \Longrightarrow KNaC_8H_4O_4 + H_2O$$

化学计量点时溶液呈微碱性（pH 约 9.1），可用酚酞作指示剂。

用草酸标定 NaOH，由于草酸是二元弱酸（$K_{a1} = 5.9 \times 10^{-2}$，$K_{a2} = 6.4 \times 10^{-5}$），用 NaOH 滴定时，草酸分子中的两个 H^+ 一次被 NaOH 滴定，标定反应为：

$$2NaOH + H_2C_2O_4 \Longrightarrow Na_2C_2O_4 + 2H_2O$$

化学计量点时，溶液略偏碱性（pH 约 8.4），pH 突跃范围为 7.7～10.0，可选用酚酞作指示剂。

三、 仪器和试剂

1. 仪器

台秤，分析天平，烧杯（250mL），量筒（10mL，50mL），酸式与碱式滴定管

（50mL），锥形瓶（250mL），移液管（25mL），容量瓶（100mL），细口试剂瓶（500mL），洗耳球，胶头滴管。

2. 试剂

浓盐酸（密度1.19g·mL⁻¹），硼砂（分析纯），氢氧化钠固体，草酸（分析纯），酚酞指示剂（0.2％），甲基红指示剂（0.2％）。

四、 实验内容

1. 酸碱溶液的配制

（1）0.1mol·L⁻¹HCl溶液的配制

用10mL量筒取浓盐酸4.5mL，倒入500mL烧杯中，加蒸馏水稀释到500mL左右，搅拌摇匀后，贮于细口瓶中，贴上标签备用。

（2）0.1mol·L⁻¹NaOH溶液的配制

在台秤上称取约2g氢氧化钠固体，置于250mL烧杯中，加入除去CO_2的蒸馏水约50mL，使之溶解，再加入约450mL水，搅拌摇匀后，贮于细口瓶中，盖上橡胶塞，贴上标签备用。

2. 酸碱溶液的标定

（1）HCl溶液的标定

准确称取硼砂（$Na_2B_4O_7 \cdot 10H_2O$）约1.9g于烧杯中，加蒸馏水约50mL使之溶解（必要时可稍加热促进溶解，并冷却）。然后转入100mL容量瓶中，用少量水淋洗烧杯及玻璃棒3～4次，一并转入容量瓶中，加入蒸馏水稀释至刻度，充分摇匀。

用移液管吸取25.00mL硼砂溶液于锥形瓶中，加入2～3滴甲基红指示剂，用配制的盐酸溶液滴定至由黄色变为橙色，即为滴定终点。平行滴定2～3次。按下式计算HCl标准溶液的浓度。

$$c(\text{HCl}) = \frac{2m(\text{Na}_2\text{B}_4\text{O}_7 \cdot 10\text{H}_2\text{O})}{M(\text{Na}_2\text{B}_4\text{O}_7 \cdot 10\text{H}_2\text{O})V(\text{HCl})} \times \frac{25.00\text{mL}}{250.0\text{mL}}$$

（2）NaOH溶液的标定

a. 用草酸标定：准确称取0.12～0.19g $H_2C_2O_4 \cdot 2H_2O$ 三份，分别置于250mL锥形瓶中，加30mL蒸馏水溶解后，加2～3滴酚酞指示剂，用NaOH标准溶液滴定至微红色，30s不褪色，即为终点。按下式计算NaOH标准溶液的浓度。

$$c(\text{NaOH}) = \frac{2m(\text{H}_2\text{C}_2\text{O}_4 \cdot 2\text{H}_2\text{O})}{M(\text{H}_2\text{C}_2\text{O}_4 \cdot 2\text{H}_2\text{O})V(\text{NaOH})}$$

b. 与HCl标准溶液比较滴定：用移液管吸取25.00mL HCl标准溶液于锥形瓶中，加入2～3滴酚酞指示剂，用配制的NaOH溶液滴定至刚出微红色，30s不褪色，即为终点。平行滴定2～3次。按下式计算NaOH标准溶液的浓度。

$$c(\text{NaOH}) = \frac{V(\text{HCl})}{V(\text{NaOH})} \times c(\text{HCl})$$

五、 数据记录和处理

NaOH 溶液的标定

测定次数 项目	I	II
$m(\mathrm{H_2C_2O_4 \cdot 2H_2O})/\mathrm{g}$		
NaOH 初读数/mL		
NaOH 终读数/mL		
$V(\mathrm{NaOH})/\mathrm{mL}$		
$c(\mathrm{NaOH})/\mathrm{mol \cdot L^{-1}}$		
平均值 $c(\mathrm{NaOH})/\mathrm{mol \cdot L^{-1}}$		
相对偏差 D_r		

六、 思考题

1. 实验中使用的滴定管、移液管、锥形瓶是否都要用操作液润洗？为什么？

2. 为什么用硼砂标定 HCl 溶液时选用甲基红指示剂？

3. 标定 HCl 溶液时，硼砂的称取量在 4.7g 左右是根据什么原则确定的？能否过多或过少呢？

4. 如何配制 250mL 0.1mol·L⁻¹ NaOH 溶液？

Experiment 4
Preparation and Standardization of Sodium Hydroxide Solution

I. Purpose and Requirement

This experiment is designed to introduce the students to the preparation and standardization of solutions with primary standard substance and it also illustrates the titration using a burette and the determinations of the end point of a titration.

II. Principle

Sodium hydroxide absorbs water and carbon dioxide in the air and it is customary to prepare sodium hydroxide of approximately desired concentration and then standardize the solution against a primary standard substance. Potassium biphthalate is most commonly used to standardize sodium hydroxide solution for its readily available in purity of 99.95%, nonhygroscopic and it has a high equivalent weight, 204.2g/mol. The equation of this titration is as follows:

$$\text{C}_6\text{H}_4(\text{COOH})(\text{COOK}) + \text{NaOH} = \text{C}_6\text{H}_4(\text{COONa})(\text{COOK}) + \text{H}_2\text{O}$$

III. Apparatus and Reagents

burette (25mL), conical flask (250mL), cylinder (100mL), beaker (400mL), reagent bottle (500mL), rubber bysma.

solid sodium hydroxide (A.R.).

phenolphthalein indicator, 0.1% alcoholic solution.

IV. Procedure

1. Preparation of $0.1 \text{mol} \cdot \text{L}^{-1}$ sodium hydroxide solution

Shake sodium hydroxide with water to make a saturated solution, cool, transfer to a polyvinyl plastic bottle and allow to stand for several days. Dilute 2.8mL respectively of the saturated and clarified sodium hydroxide solution with freshly boiled and cooled water to 500mL, and mix well.

2. Standardization of $0.1 \text{mol} \cdot \text{L}^{-1}$ sodium hydroxide solution

Weight accurately about 0.45g of potassium biphthalate primary standard, previously dried to constant weight at 105℃ into three clean, numbered pyrexs, add 50mL of freshly boiled and cooled water and shake thoroughly. Add 2 drops of phenolphthalein IS and titrate with sodium hydroxide ($0.1 \text{mol} \cdot \text{L}^{-1}$) to a pink end point, which should persist not less than thirty seconds orso.

Then calculate the concentration of standard sodium hydroxide solution as the following equation:

$$c(NaOH) = \frac{m(KHC_8H_4O_4)}{M(KHC_8H_4O_4)V(NaOH)}$$

V. Notes

1. Weight sodium hydroxide in a beaker instead of on a piece of paper.

2. Put a label on each reagent bottle on which are written name of the reagent, date of preparation, user, concentration, etc.

3. Rinse the burette with sodium hydroxide three times before filling the burette with sodium hydroxide.

4. Get rid of air bubbles from the tip of the burette if there is any.

5. Adjust liquid level to zero point before each titration.

VI. Question

1. Why must not be weight on a piece of paper? Dose it affect the accuracy weight sodium hydroxide on a platform balance?

2. Why is it important to rinse the burette with sodium hydroxide before titration? Is it necessary to dry and rinse beakers with standard solution before titration? Why?

3. Is it necessary for the accuracy of the water to dissolve the stand substance?

4. Why should not the glass-stoppers be used for the bottles or the burettes filled with sodium hydroxide solution?

5. Can methyl orange be applied as an indicator in this titration?

6. Why is it necessary to adjust liquid level to zero point before each titration?

7. Why air bubbles must be pured from tip of the burette?

实验五
氨水中氮含量的测定

一、 实验目的

1. 掌握返滴定法测定氨水中氮含量的基本原理和测定方法。
2. 进一步掌握滴定基本操作。

二、 实验原理

氨水是一种弱碱，其 $K_b = 1.8 \times 10^{-5}$，用酸碱滴定法直接测定其氮含量。反应如下：

$$NH_3 \cdot H_2O + HCl \longrightarrow NH_4Cl + 2H_2O$$

生成物 NH_4Cl 为强酸弱碱盐（$K_a = 5.6 \times 10^{-10}$），故化学计量点的 pH 值约为 5.3，溶液显酸性，可选用甲基红为指示剂。

但由于氨水易挥发，所以常常不用直接滴定法，而是用返滴定法。即先在试样中加入一定过量的 HCl 标准溶液，使氨水完全反应，过量的 HCl 溶液用 NaOH 标准溶液滴定，根据滴定中消耗的 HCl 溶液及 NaOH 溶液的体积，可计算氨水中的氮含量。

$$NH_3 + HCl（过量）\longrightarrow NH_4Cl$$
$$HCl（剩余）+ NaOH \longrightarrow NaCl + H_2O$$

从以上反应可以看出，反应的最终产物仍然是 NH_4Cl 的水溶液，化学计量点的 pH 值仍约为 5.3，溶液显酸性，也是选用甲基红为指示剂。

三、 仪器和试剂

1. 仪器
酸式和碱式滴定管（50mL），锥形瓶（250mL），移液管（25mL），洗耳球。
2. 试剂
NaOH 标准溶液（浓度约为 $0.1mol \cdot L^{-1}$），HCl 标准溶液（浓度约为 $0.1mol \cdot L^{-1}$），甲基红指示剂（0.2%），氨水稀释试液。

四、 实验内容

将酸碱标准溶液分别装入酸式、碱式滴定管。由酸式滴定管准确放出 40mL HCl 标准溶液于锥形瓶中，然后用移液管加入 25.00mL 氨水稀释试液，摇匀后加 2～3 滴甲基红指示剂，用 NaOH 标准溶液滴定到溶液由红色变为橙黄色即为终点。平行滴定 2～

3 次。计算稀释液中氮的含量。

五、 思考题

1. 若用 HCl 标准溶液直接滴定氨水中氮的含量，将会产生什么影响？
2. 本实验为什么用甲基红作指示剂？

实验六

铵盐中氮含量的测定 (甲醛法)

一、 实验目的

1. 学会掌握用甲醛法测定氮含量的方法和原理。
2. 进一步学习使用移液管及容量瓶。
3. 继续提高称量及滴定操作能力。

二、 实验原理

NH_4Cl、$(NH_4)_2SO_4$ 等铵盐是常用的无机化肥，是强酸弱碱盐，可用酸碱滴定法测定其氮含量。但由于 NH_4^+ 的酸性太弱（$K_a=5.6\times10^{-10}$），不能用 NaOH 标准溶液直接滴定。所以在工业生产和实验室中，广泛采用甲醛法测定铵盐中的氮含量，利用甲醛与铵盐作用，可置换出与 NH_4^+ 等物质的量的无机酸。反应如下：

$$4NH_4^+ +6HCHO \Longrightarrow (CH_2)_6N_4+4H^+ +6H_2O$$

反应后生成的酸，可用 NaOH 溶液滴定。滴定后所生成的六亚甲基四胺是一个很弱的碱（$K_b=8.0\times10^{-10}$），故化学计量点的 pH 值约为 8.8，溶液显碱性，可选用酚酞为指示剂。铵盐与甲醛的反应在室温条件下进行得比较慢，所以加甲醛后需要放置几分钟使反应完全。

甲醛中常含有少量因其本身被空气氧化而生成的甲酸，使用前须以酚酞为指示剂，用稀 NaOH 溶液中和除去，否则将使结果偏高。

同样，如果铵盐中含有游离酸，应做空白实验，扣除空白值，否则将使结果偏高。

三、 仪器和试剂

1. 仪器

容量瓶（250mL），移液管（25mL），烧杯，量筒（10mL、100mL），锥形瓶（250mL），洗耳球。

2. 试剂

NaOH 标准溶液（浓度为 0.1mol·L⁻¹ 左右），甲基红指示剂（0.2%），中性甲醛溶液（1∶1 或 20%），$(NH_4)_2SO_4$ 样品。

20% 中性甲醛的配制：将 36% 甲醛用等体积的蒸馏水稀释后，加酚酞数滴，用 0.1mol·L⁻¹NaOH 滴定至溶液呈淡红色。

四、 实验内容

准确称取硫酸铵样品约 0.55~0.65g 于烧杯中，加蒸馏水约 50mL 使之溶解后，定量转移到 100mL 容量瓶中，加水稀释至刻度，摇匀。

移取上述溶液 25.00mL 于锥形瓶中，加入 5mL 20％的中性甲醛溶液，摇匀后放置 2min，加酚酞指示剂 2 滴，用 NaOH 标准溶液滴定至微红色，30s 不褪色为终点。平行滴定 2～3 次。计算铵盐试样中氮含量（计算方法如下式）。

$$w(\text{N}) = \frac{c(\text{NaOH})V(\text{NaOH})M(\text{N})}{m_s} \times \frac{100.0\text{mL}}{25.00\text{mL}} \times 100\%$$

五、 思考题

1. 能否用 NaOH 标准溶液直接滴定（NH$_4$)$_2$SO$_4$ 样品中的氮含量？如果试样是 NH$_4$HCO$_3$，能否用酸碱滴定法直接测定？为什么？

2. 中和（NH$_4$)$_2$SO$_4$ 样品中的游离酸时能否用酚酞作指示剂？为什么？

实验七

食醋中总酸量的测定

一、 实验目的

1. 进一步掌握酸碱滴定法的基本原理和方法，正确选用指示剂。
2. 熟练滴定操作技术。

二、 实验原理

醋酸（$K_a = 1.8 \times 10^{-5}$）是食醋的主要成分，因 $cK_a \geqslant 10^{-8}$，故可用 NaOH 标准溶液直接滴定，其反应式如下：

$$NaOH + CH_3COOH \Longrightarrow CH_3COONa + H_2O$$

化学计量点时的 pH 值为 8.7，故可选用酚酞为指示剂。但应注意，CO_2 能使酚酞褪色，故应滴定至摇匀后溶液的红色在 30s 内不褪色方为终点。

在对食醋中的醋酸进行滴定时，食醋中的其他各种形式的酸，只要满足 $cK_a \geqslant 10^{-8}$，都能与 NaOH 反应，故滴定所得的酸量为总酸量，以 CH_3COOH 的含量表示。

三、 仪器和试剂

1. 仪器

碱式滴定管（50mL），移液管（25mL），锥形瓶（250mL），容量瓶（100mL），洗耳球等。

2. 试剂

NaOH 标准溶液（浓度为 $0.1mol \cdot L^{-1}$ 左右），酚酞指示剂（0.2%），食醋稀释溶液。

四、 实验内容

用 10mL 移液管移取 10.00mL 食醋试液于 100mL 容量瓶中，加水稀释至刻度，摇匀。移取上述溶液 25.00mL 于锥形瓶中，加 2 滴酚酞指示剂，用 NaOH 标准溶液滴定至微红色，30s 不褪色为终点。计算食醋原试液中的总酸量，用 $\rho(HAc)$ 表示。

五、 思考题

1. 本实验为何选用酚酞作指示剂？
2. 如果 NaOH 标准溶液吸收了空气中的 CO_2，将对测定结果有何影响？

食碱中总碱量的测定 (双指示剂法)

一、 实验目的

1. 掌握混合碱总碱量的测定方法。
2. 了解双指示剂法测定混合碱中各组分含量的原理和方法。

二、 实验原理

食碱中主要含有 Na_2CO_3 和 $NaHCO_3$，常采用双指示剂法 (酚酞、甲基橙)，用 HCl 标准溶液进行滴定，其反应包括以下两步：

$$Na_2CO_3 + HCl \longrightarrow NaHCO_3 + NaCl$$
$$NaHCO_3 + HCl \longrightarrow NaCl + H_2O + CO_2 \uparrow$$

第一计量点时，Na_2CO_3 被滴定至 $NaHCO_3$，溶液的 pH≈8.3，可选用酚酞作指示剂，但终点颜色由红色到无色，变化不是很敏锐，故滴定误差较大。一般滴定至微红，用 $NaHCO_3$ 溶液作对照，以减少滴定误差。

第二计量点时，溶液中所有的 $NaHCO_3$ 全部被中和，pH 值为 3.8～3.9，可选用甲基橙作指示剂。终点颜色由黄色变为橙色。根据两步反应滴定的体积，即可计算出总碱度 $w(Na_2O)$、$w(Na_2CO_3)$ 及 $w(NaHCO_3)$。

三、 仪器和试剂

1. 仪器

分析天平，称量瓶，酸式滴定管 (50mL)，锥形瓶 (250mL)，烧杯 (250mL)，洗瓶，容量瓶 (100mL)，移液管 (25mL)，洗耳球。

2. 试剂

HCl 标准溶液 (浓度为 $0.1mol \cdot L^{-1}$ 左右)，酚酞指示剂 (0.2%)，甲基橙指示剂 (0.2%)，Na_2CO_3 和 $NaHCO_3$ 混合碱样品或食碱。

四、 实验内容

准确称取混合碱试样约 0.6g 于烧杯中，加蒸馏水约 30mL 使其溶解 (必要时可稍加热促进溶解，并冷却)。将溶液定量转入 100mL 容量瓶中，用水稀释至刻度，摇匀。

移取上述试液 25.00mL 于锥形瓶中，加酚酞指示剂 2 滴，用 HCl 标准溶液滴至溶液由红色变为微红 (用 $NaHCO_3$ 溶液作对照)，记下 HCl 用量 V_1。再加入 1～2 滴甲基橙指示剂，继续用 HCl 标准溶液滴到溶液由黄色变为橙色即为终点。注意接近终点时应剧烈摇动溶液，记下消耗 HCl 溶液的体积 V_2。平行测定 2～3 次。根据两终点消耗 HCl 溶液的总体积 V(HCl)，即（V_1+V_2）计算混合碱总碱量(以 Na_2O 含量表示)，并可由两终点的体积关系分别计算 Na_2CO_3 和 $NaHCO_3$ 含量。

五、 思考题

1. 如果样品是 NaOH 和 Na_2CO_3 的混合物，如何测定总碱量及其分别的含量？
2. 本实验中接近终点时，为何要剧烈摇动操作溶液？

实验九
凯氏定氮法测定奶粉中的蛋白质

一、 实验目的

掌握凯氏定氮法的原理和方法。

二、 实验原理

奶粉中的蛋白质为复杂的含氮有机化合物，可用酸碱滴定法测定其中氮的含量，再换算成蛋白质含量。蛋白质含量是评价食物营养价值的重要指标之一。

有机物中的氮在 $CuSO_4$ 催化下，用浓硫酸消化分解，生成（$NH_4)_2SO_4$，在凯氏定氮器中与 NaOH 作用，加热蒸馏出 NH_3，收集于 H_3BO_3 溶液中。然后以甲基红为指示剂，用 HCl 标准溶液滴定，根据所耗 HCl 标准溶液的体积计算出氮的含量，再乘以相应的换算因子，即得到蛋白质的含量。主要反应如下：

$$2NH_3 + H_2SO_4 \rightleftharpoons (NH_4)_2SO_4$$
$$NH_4^+ + OH^- \rightleftharpoons NH_3 + H_2O$$
$$NH_3 + H_3BO_3 \rightleftharpoons NH_4H_2BO_3$$
$$NH_4H_2BO_3 + HCl \rightleftharpoons NH_4Cl + H_3BO_3$$

三、 仪器和试剂

1. 仪器

凯氏烧瓶（100mL），凯氏定氮装置，移液管（10mL），酸式滴定管（10mL），玻璃珠。

2. 试剂

HCl 标准溶液（浓度为 $0.05mol \cdot L^{-1}$ 左右），H_3BO_3 溶液（2%），浓硫酸，NaOH 溶液（50%），（$NH_4)_2SO_4$ 溶液（$0.02mol \cdot L^{-1}$），K_2SO_4，$CuSO_4 \cdot 5H_2O$，甲基红溶液（0.2%），甲基红-亚甲基蓝混合指示剂。

四、 实验内容

准确称取奶粉约 0.5g 置于凯氏烧瓶内，加入 5g K_2SO_4、0.4g $CuSO_4 \cdot 5H_2O$ 及 15mL H_2SO_4，再放入几粒玻璃珠。缓慢加热，尽量减少泡沫产生，防止溶液外溅，使样品全部浸于 H_2SO_4 溶液内。待泡沫消失后再加大火力至溶液澄清，继续加热约 1h，然后冷却至室温。沿瓶壁加入 50mL 水溶解盐类，冷却后定量转移至 100mL 容量瓶中，用水稀释至标线，摇匀。

按图 4-1 装好凯氏定氮装置，向蒸汽发生瓶的水中加入数滴甲基红指示剂、几滴硫酸及数粒沸石，在整个蒸馏过程中需保持此液为橙红色，否则应补充硫酸。接收液是 20mL H_3BO_3 溶液，其中加入 2 滴混合指示剂，接收时要使冷凝管下口浸入吸收液的液面之下。

移取 10.00mL 上述样品溶液，从进样口注入反应室内，用少量水冲洗进样口，然后加入 10mL NaOH 溶液，立即盖严塞子，以防止 NH_3 逸出。从开始回流计时，蒸馏 4min，移动冷凝管下口使其脱离接收液，再蒸馏 1min，用水冲洗冷凝管下口，洗涤液流入接收液内。

用 HCl 标准溶液滴定接收液至暗红色为终点。以相同的操作做一次空白实验，计算奶粉中蛋白质的质量分数。

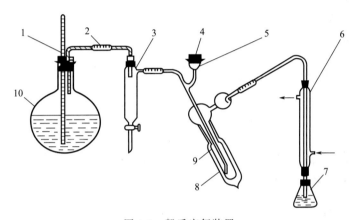

图 4-1　凯氏定氮装置

1—安全管；2—导管；3—汽水分离器；4—塞子；5—进样口；

6—冷凝管；7—吸收瓶；8—隔热液套；9—反应管；10—蒸汽发生瓶

五、　思考题

1. 凯氏定氮法的原理是什么？

2. 消化样品时加入 K_2SO_4 和 $CuSO_4 \cdot 5H_2O$ 的作用是什么？K_2SO_4 加入量是否越多越好？为什么？

3. 为什么用 H_3BO_3 溶液作吸收液？它对后面的测定有无影响？用 HAc 溶液作吸收液可以吗？为什么？

实验十
莫尔法测定食盐中的氯

一、 实验目的

1. 学会用莫尔法测定氯的方法。
2. 了解分步沉淀的原理和方法。

二、 实验原理

在含 Cl^- 的中性或弱碱性溶液中，以 K_2CrO_4 为指示剂，用 $AgNO_3$ 标准溶液进行滴定。有关反应如下：

$$Ag^+ + Cl^- \Longrightarrow AgCl\downarrow （白色）$$

$$2Ag^+ + CrO_4^{2-} \Longrightarrow Ag_2CrO_4\downarrow （砖红色）$$

当滴定至有微量砖红色沉淀出现并经摇动后不消失，即反应已达终点。用消耗 $AgNO_3$ 标准溶液的体积，可计算出试样中的 Cl^- 含量。

三、 仪器和试剂

1. 仪器

容量瓶（250mL），烧杯（100mL），锥形瓶（250mL），移液管（25mL），酸式滴定管（50mL），量筒（10mL）。

2. 试剂

固体 $AgNO_3$（G. R.），K_2CrO_4 溶液（5%）。

四、 实验内容

1. $0.1mol \cdot L^{-1} AgNO_3$ 标准溶液的配制

准确称取 $AgNO_3$ 约 4.3g，加适量无 Cl^- 的蒸馏水溶解后，定量转入 250mL 容量瓶中，稀释至刻度，充分摇匀置于暗处备用。按下式计算 $AgNO_3$ 的准确浓度。

$$c(AgNO_3) = \frac{m(AgNO_3)}{M(AgNO_3)V(AgNO_3)}$$

2. 氯化物中氯的测定

准确称取可溶性氯化物试样 1.5~2g，在 100mL 烧杯中以少量水溶解，转移至 250mL 容量瓶中定容，摇匀。

准确移取上述试液 25.00mL，放入 250mL 锥形瓶中，用量筒加入 1mL 5% K_2CrO_4 溶液，在剧烈摇动下用 $AgNO_3$ 标准溶液滴定至刚显砖红色，经摇动仍不消失时为终点，记录所消耗标准溶液的体积，计算试样中氯的百分含量。

五、 思考题

1. 莫尔法与佛尔哈德法测定 Cl^-，在原理和方法上有何异同点？

2. 如果含氯试样中带有酸性或碱性杂质，用莫尔法测定时，试液应如何处理？

3. 加入 K_2CrO_4 指示剂的量太多或太少将使分析结果有何变化？

4. 滴定过程中，为什么要剧烈摇动溶液？

实验十一

水的总硬度及钙镁含量的测定

一、实验目的

1. 了解水的硬度测定的意义和常用的硬度表示方法。
2. 掌握配位滴定法的基本原理、方法和计算。
3. 掌握铬黑 T 和钙指示剂的应用。

二、实验原理

水的硬度是指水中含钙盐和镁盐的量。硬度的表示方法是钙镁离子的总量折合成钙离子的量。常用 $CaCO_3$（$mg \cdot L^{-1}$）或 $CaCO_3$（$mmol \cdot L^{-1}$）表示。计算公式：

$$总硬度 = \frac{c(EDTA)V(EDTA)M(CaCO_3)}{V(s)}$$

或：
$$总硬度 = \frac{c(EDTA)V(EDTA)}{V(s)}$$

测定水的总硬度，一般采用 EDTA 滴定法。在 pH 值为 10 的氨性缓冲溶液中，以铬黑 T 为指示剂，用 EDTA 标准溶液直接滴定溶液中的 Ca^{2+}、Mg^{2+}，终点时溶液由红色变为纯蓝色，用去 EDTA 的体积为 V_1，反应式如下：

滴定前：

$$Mg^{2+} + HIn^{2-} \rightleftharpoons MgIn^- + H^+$$
$$（纯蓝色）\qquad （红色）$$

化学计量点前：

$$Ca^{2+} + H_2Y^{2-} \rightleftharpoons CaY^{2-} + 2H^+$$
$$Mg^{2+} + H_2Y^{2-} \rightleftharpoons MgY^{2-} + 2H^+$$

化学计量点时：

$$MgIn^- + H_2Y^{2-} \rightleftharpoons MgY^{2-} + HIn^{2-} + H^+$$
$$（红色）\qquad\qquad\qquad （纯蓝色）$$

当水样中 Mg^{2+} 含量较低时，终点不敏锐，这时可在缓冲溶液中加入少量 Mg-EDTA 盐。由 EDTA 标准溶液的用量 V_1，计算水的总硬度。

测定水中钙的含量时，用 NaOH 调节溶液的 pH 值至 12，Mg^{2+} 形成 $Mg(OH)_2$ 沉淀，加入钙指示剂，用 EDTA 标准溶液滴定至由红色变为纯蓝色，即达终点。用去 EDTA 标准溶液的体积 V_2。

从 EDTA 标准溶液滴定钙镁的总用量 V_1 减去滴定钙时的用量 V_2，即可计算镁的含量。

水样中若含有 Fe^{3+}、Al^{3+} 等干扰离子，可加入三乙醇胺掩蔽。Cu^{2+}、Pb^{2+}、

Zn^{2+} 等干扰离子，可用 Na_2S 或 KCN 掩蔽。

三、 仪器和试剂

1. 仪器

锥形瓶（250mL），酸式和碱式滴定管（50mL），烧杯（250mL、500mL），容量瓶（250mL），量筒（100mL），移液管（25mL、50mL），表面皿，电炉，洗瓶。

2. 试剂

NH_3-NH_4Cl 缓冲溶液（pH＝10），NaOH 溶液（6mol·L^{-1}），EDTA 二钠盐固体，Mg^{2+}（0.01mol·L^{-1}）标准溶液或高纯金属锌，铬黑 T 指示剂，钙指示剂，二甲酚橙指示剂（0.2%），三乙醇胺（1:2），HCl（1:1），六亚甲基四胺（20%）。

四、 实验内容

1. EDTA 标准溶液的配制与标定

EDTA 标准溶液，一般用标定法配制。即先配成近似浓度的溶液，再用金属锌、ZnO、$CaCO_3$ 或 $MgSO_4\cdot 7H_2O$ 等任一基准物质来标定。

（1）0.01mol·L^{-1} EDTA 溶液的配制　称取约 1.9g EDTA 二钠盐于 500mL 烧杯中，用 100mL 温水溶解必要时加热，然后稀释至 500mL，摇匀备用。

（2）标定 EDTA 溶液

① 用镁标准溶液标定　准确移取 25.00mL 镁标准溶液于 250mL 锥形瓶中，加 NH_3-NH_4Cl 缓冲溶液 5mL、铬黑 T 指示剂少许，用 EDTA 溶液滴定至溶液由红色变为纯蓝色，即达终点。计算 EDTA 溶液的浓度。

$$c(EDTA) = \frac{c(Mg^{2+})V(Mg^{2+})}{V(EDTA)}$$

② 用金属锌标定　准确称取金属锌 0.15~0.2g 于 250mL 烧杯中，加入 HCl（1:1）5mL，盖好表面皿，必要时微微加热，使锌完全溶解。用蒸馏水冲洗表面皿及烧杯内壁，转入 250mL 容量瓶中，定容，摇匀备用。标定时先准确移取锌标准溶液 25.00mL 于 250mL 锥形瓶中，加蒸馏水稀至 50mL，加 0.2% 二甲酚橙指示剂 1~2 滴，滴加 20% 六亚甲基四胺至红紫色，再过量 5mL，用 EDTA 溶液滴定至溶液由红紫色变为亮黄色，即达终点。计算 EDTA 的浓度。

$$c(EDTA) = \frac{M(Zn)}{M(Zn)V(EDTA)} \times \frac{25.00mL}{250.0mL}$$

2. 水的总硬度及钙、镁含量的测定

（1）水的总硬度的测定　用移液管吸取水样 100.0mL 于 250mL 锥形瓶中，加三乙醇胺溶液 3mL，再加 3mL NH_3-NH_4Cl 缓冲溶液、铬黑 T 少许，用 EDTA 标准溶液滴定至溶液由酒红色到纯蓝色，即达终点，记下 EDTA 标准溶液的用量 V_1。计算水的总硬度。

（2）钙和镁含量的测定　用移液管吸取水样 100.0mL 于 250mL 锥形瓶中，加三乙醇胺溶液 3mL，再加 6mol·L^{-1} NaOH 溶液 2mL、钙指示剂少许，用 EDTA 标准溶液

滴定至溶液由酒红色到纯蓝色，即达终点，记下 EDTA 标准溶液的用量 V_2。按下式计算每升水中钙、镁的质量体积分数。

$$\rho(\mathrm{Ca}^{2+}) = \frac{c(\mathrm{EDTA})V_2 M(\mathrm{Ca}^{2+})}{V(\mathrm{s})}$$

$$\rho(\mathrm{Mg}^{2+}) = \frac{c(\mathrm{EDTA})(V_1 - V_2)M(\mathrm{Mg}^{2+})}{V(\mathrm{s})}$$

五、 思考题

1. 本实验中加入氨性缓冲溶液和 NaOH 溶液各起什么作用？能否用氨性缓冲溶液代替 NaOH 溶液？

2. 滴定水的总硬度，当用铬黑 T 做指示剂时，在什么情况下，需在缓冲溶液中加入适量的 Mg-EDTA 溶液？加入的 Mg-EDTA 对测定有无影响？为什么？

实验十二
可溶性硫酸盐中硫酸根的测定

一、 实验目的

掌握 EDTA 间接测定 SO_4^{2-} 含量的原理和方法。

二、 实验原理

SO_4^{2-} 不能直接与 EDTA 形成配位化合物，但若在试液中加入过量的已知准确浓度的 $BaCl_2$ 标准溶液，使 SO_4^{2-} 与 Ba^{2+} 作用生成白色 $BaSO_4$ 沉淀；然后在 $pH = 10$ 条件下，以铬黑 T 为指示剂，用 EDTA 标准溶液返滴剩余的 Ba^{2+}，可间接计算出 SO_4^{2-} 的含量。

由于铬黑 T 指示剂与 Ba^{2+} 形成的配合物不够稳定，使终点颜色变化不明显（由浅紫红色变为浅蓝色），因此必须在滴至浅蓝色时准确加入少许已知量的 Mg^{2+} 标准溶液，再用 EDTA 标准溶液滴定至纯蓝色，即达终点。有关反应如下：

$$Ba^{2+} + SO_4^{2-} \Longrightarrow BaSO_4 \downarrow$$

$$Ba^{2+} + HIn^{2-} \Longrightarrow BaIn^- + H^+$$

（浅蓝色）（浅红色）

$$Ba^{2+} + H_2Y^{2-} \Longrightarrow BaY^{2-} + 2H^+$$

$$BaIn^- + H_2Y^{2-} \Longrightarrow BaY^{2-} + HIn^{2-} + H^+$$

（浅红色） （浅蓝色）

$$Mg^{2+} + HIn^{2-} \, MgIn^- + H^+$$

（蓝色） （红色）

$$MgIn^- + H_2Y^{2-} \Longrightarrow MgY^{2-} + HIn^{2-} + H^+$$

（红色） （蓝色）

三、 仪器和试剂

1. 仪器

烧杯（250mL、400mL），锥形瓶（250mL），吸量管（5mL），容量瓶（100mL），移液管（25mL），量筒（10mL、50mL），酸式和碱式滴定管（50mL）。

2. 试剂

镁标准溶液（$0.04000 \text{mol} \cdot \text{L}^{-1}$），氨性缓冲溶液（$pH = 10$），EDTA 溶液（浓度约为

$0.05mol \cdot L^{-1}$），$BaCl_2 \cdot 2H_2O$（A. R.），HCl（$2mol \cdot L^{-1}$），$NH_3 \cdot H_2O$（$6mol \cdot L^{-1}$），铬黑 T 指示剂，Na_2SO_4 固体。

四、 实验内容

1. $0.05mol \cdot L^{-1}BaCl_2$ 标准溶液的配制和标定

称取 $BaCl_2 \cdot 2H_2O$ 约 3.1g 于 400mL 烧杯中，加适量蒸馏水溶解，然后稀释至 250mL，摇匀备用。用移液管取 25.00mL 配好的 $BaCl_2$ 溶液于 250mL 锥形瓶中，加氨性缓冲溶液 5mL、铬黑 T 少许，用 $0.05mol \cdot L^{-1}EDTA$ 标准溶液滴定至浅蓝色，再加镁标准溶液 5.00mL，继续用 EDTA 标准溶液滴定至纯蓝色，即达终点。按下式计算 Ba^{2+} 的浓度。

$$c(Ba^{2+}) = \frac{c(EDTA)V(EDTA) - c(Mg^{2+})V(Mg^{2+})}{V(Ba^{2+})}$$

2. 硫酸盐中 SO_4^{2-} 的测定

准确称取约 0.30～0.35g 样品于 250mL 烧杯中，加适量蒸馏水溶解，然后转移至 100mL 容量瓶中定容，摇匀。

用移液管移取 25.00mL 上述样品溶液于 250mL 锥形瓶中，加 $2mol \cdot L^{-1}$ HCl 3～4 滴酸化，加热近沸，由碱式滴定管中准确加入 10.00mL 配制好的 $BaCl_2$ 标准溶液，煮沸数分钟，冷却后用 $6mol \cdot L^{-1}$ 氨水调节溶液 pH 值为 10，加氨性缓冲溶液 10mL，再由碱式滴定管中继续加入 $BaCl_2$ 标准溶液 15.00mL，再加铬黑 T 少许，用 EDTA 标准溶液滴定至溶液由浅红色变为浅蓝色。再加 Mg^{2+} 标准溶液 5.00mL，这时溶液又变为红色，继续用 EDTA 标准溶液滴定至纯蓝色，即达终点。计算 SO_4^{2-} 含量。

$$w(SO_4^{2-}) = \frac{[c(Ba^{2+})V(Ba^{2+}) + c(Mg^{2+})V(Mg^{2+}) - c(EDTA)V(EDTA)]M(SO_4^{2-})}{m_s}$$

$$\times \frac{100.0mL}{25.00mL} \times 100\%$$

五、 思考题

1. 样品溶液为什么要用盐酸酸化？又为什么要加热？

2. 为什么 $BaCl_2$ 标准溶液要分两次加入？

3. 用 EDTA 滴定剩余 Ba^{2+} 时，为什么要加入 Mg^{2+} 标准溶液？

实验十三
高锰酸钾溶液的标定

一、 实验目的

1. 掌握标定 $KMnO_4$ 标准溶液浓度的原理和方法。
2. 学会用 $KMnO_4$ 自身指示剂指示滴定终点的方法。

二、 实验原理

标定 $KMnO_4$ 溶液的基准物质有 $Na_2C_2O_4$、As_2O_3、$(NH_4)_2Fe(SO_4)_2 \cdot 6H_2O$、$H_2C_2O_4 \cdot 2H_2O$ 等，其中以 $Na_2C_2O_4$ 较常用。在稀硫酸溶液中，温度 $75 \sim 85$℃ 时进行。其反应如下：

$$2MnO_4^- + 5C_2O_4^{2-} + 16H^+ \rlap{=\!=\!=} \quad 2Mn^{2+} + 10CO_2 \uparrow + 8H_2O$$

此反应在室温下进行很慢，须加热至 $75 \sim 85$℃ 来加快反应的进行。但温度也不宜过高，否则容易引起草酸部分分解，使分析结果误差增大。

滴定中，最初几滴 $KMnO_4$ 即使在加热情况下，与 $C_2O_4^{2-}$ 反应仍然很慢，当溶液中产生 Mn^{2+} 以后，反应速率才逐渐加快，因为 Mn^{2+} 对反应有催化作用。这种作用叫做自动催化作用。

在滴定过程中，必须保持溶液在一定的酸度，否则容易产生 MnO_2 沉淀，引起测量误差。调节酸度须用硫酸。因盐酸中 Cl^- 有还原性，硝酸中 NO_3^- 又有氧化性，醋酸酸性太弱，达不到所需要的酸度，所以都不适用。滴定时适宜的酸度约为 $c(H^+)=1mol \cdot L^{-1}$。由于 $KMnO_4$ 溶液本身具有特殊的紫红色，滴定时 $KMnO_4$ 溶液稍微过量，即可看到溶液呈淡粉色，表示终点已到，故称 $KMnO_4$ 为自身指示剂。

三、 仪器和试剂

1. 仪器

烧杯（500mL），酸式滴定管（50mL），锥形瓶（250mL），容量瓶（100mL），移液管（5mL、25mL），量筒（10mL、50mL、500mL），分析天平，台秤，表面皿，电炉，棕色试剂瓶，微孔玻璃漏斗。

2. 试剂

$KMnO_4$ 固体（A.R.），$Na_2C_2O_4$ 固体（A.R.），H_2SO_4（$3mol \cdot L^{-1}$）。

四、 实验内容

用分析天平准确称取 $0.15 \sim 0.20g$ $Na_2C_2O_4$ 基准物质两份，分别置于 250mL 锥形瓶中，加 30mL 水使之溶解。加入 10mL 3mol·L^{-1}H$_2$SO$_4$，加热至 75～85℃（即开始冒蒸气时的温度）。趁热用 KMnO$_4$ 溶液滴定，加入第一滴 KMnO$_4$ 溶液时红色褪去较慢，再加第二滴时，随着 Mn^{2+} 的产生，反应速率不断加快，此时可逐渐增加滴定速度，但仍须逐滴加入，滴定至溶液呈微红色在 30s 内不褪色即为终点（注意滴定速度不能过快；滴定结束时的温度不低于 60℃）。根据每份 Na$_2$C$_2$O$_4$ 的质量和消耗 KMnO$_4$ 溶液的体积，计算 KMnO$_4$ 溶液的浓度。

$$c(\mathrm{KMnO_4}) = \frac{\frac{2}{5}m(\mathrm{Na_2C_2O_4})}{M(\mathrm{Na_2C_2O_4})V(\mathrm{KMnO_4})}$$

五、 思考题

1. 用 Na$_2$C$_2$O$_4$ 标定 KMnO$_4$ 溶液的浓度时，应注意哪些反应条件？

2. 滴定时若把 Na$_2$C$_2$O$_4$ 溶液加热到 90℃以上，则标定结果偏高还是偏低？

3. 标定 KMnO$_4$ 溶液时，为什么第一滴 KMnO$_4$ 溶液的颜色褪得很慢，而以后会逐渐加快？

4. 标定 KMnO$_4$ 溶液时，若酸度不够，会发生什么反应？使标定结果偏高还是偏低？

实验十四

过氧化氢含量的测定 (高锰酸钾法)

一、 实验目的

1. 掌握 $KMnO_4$ 法测定 H_2O_2 的原理和操作技术。
2. 通过 H_2O_2 含量的测定，进一步了解 $KMnO_4$ 法的特点和应用。

二、 实验原理

过氧化氢在纺织、印染、电镀、化工、水泥生产等方面具有广泛的应用。市售的 H_2O_2（又称双氧水）一般浓度为 30%，常装在塑料瓶中，置于暗处保存。在稀硫酸溶液中，过氧化氢在室温条件下能定量还原高锰酸钾生成二价锰和氧气。其反应如下：

$$5H_2O_2 + 2MnO_4^- + 6H^+ \Longrightarrow 2Mn^{2+} + 5O_2 + 8H_2O$$

滴定时也是利用 MnO_4^- 本身的紫红色指示滴定终点。

注意，滴定开始时，反应速率较慢，滴入第一滴溶液不容易褪色，待 Mn^{2+} 生成后，由于 Mn^{2+} 的催化作用，加快了反应速率，故能顺利地滴定到终点。

根据 $KMnO_4$ 溶液的物质的量浓度和滴定时所消耗的体积，可计算出溶液中 H_2O_2 的含量。

三、 仪器和试剂

1. 仪器

烧杯（500mL），酸式滴定管（50mL），锥形瓶（250mL），容量瓶（100mL），移液管（5mL、25mL），量筒（10mL、50mL、500mL），分析天平，棕色试剂瓶。

2. 试剂

$KMnO_4$ 固体(A.R.)，$Na_2C_2O_4$ 固体(A.R.)，H_2SO_4（$3mol \cdot L^{-1}$），H_2O_2 稀释试液。

四、 实验内容

准确吸取 H_2O_2 稀释试液 5.00mL 于 100mL 容量瓶中，加水稀释至刻度，充分摇匀。用 25.00mL 移液管移取到 250mL 锥形瓶中，加入 5mL $3mol \cdot L^{-1} H_2SO_4$，再加入 30mL 水稀释，然后用 $KMnO_4$ 标准溶液滴定，缓慢滴定至溶液呈浅红色在 30s 内不褪色即为终点。重复滴定 2~3 次。记录每份 $KMnO_4$ 溶液所消耗的体积。计算 H_2O_2 含量（以 $g \cdot mL^{-1}$）。

$$\rho(\mathrm{H_2O_2}) = \frac{\frac{5}{2}c(\mathrm{KMnO_4})V(\mathrm{KMnO_4})M(\mathrm{H_2O_2})}{V_s} \times \frac{100.0\mathrm{mL}}{25.00\mathrm{mL}}$$

五、 思考题

1. 用 $\mathrm{KMnO_4}$ 法测定 $\mathrm{H_2O_2}$ 含量时，为什么不需要在加热条件下滴定？

2. 用 $\mathrm{KMnO_4}$ 法测定 $\mathrm{H_2O_2}$ 含量时，能否用 $\mathrm{HNO_3}$、HCl、HAc 调节酸度？

实验十五

石灰石中钙含量的测定（高锰酸钾法）

一、 实验目的

1. 了解晶形沉淀的制备及洗涤方法。
2. 掌握高锰酸钾法间接测定非氧化还原性钙的原理和方法。

二、 实验原理

天然石灰石是工业生产中重要的原材料之一，它的主要成分是 $CaCO_3$，以 CaO 计一般含量为 30％～50％。石灰石及白云石中 CaO 含量的测定主要采用配位滴定法和高锰酸钾法。配位滴定法比较简便，但干扰较多，高锰酸钾法干扰少、准确度高，但比较费时。

本实验中选用含硅量很低，能被 HCl 分解完全的石灰石作为试样，经粉碎、研磨并于 150℃进行干燥。试样酸度控制在 pH＝4 左右，在此酸度下加入 $(NH_4)_2C_2O_4$，再滴加氨水逐步中和以求缓慢地增大 $C_2O_4^{2-}$ 的浓度，使沉淀进行完全，然后再稍加陈化，使沉淀颗粒增大，避免穿滤；沉淀经过滤洗涤，再加 H_2SO_4 溶液使沉淀溶解。用 $KMnO_4$ 标准溶液滴定溶解的 $C_2O_4^{2-}$，间接算出钙的含量。其反应为：

$$Ca^{2+} + C_2O_4^{2-} + H_2O \rightleftharpoons CaC_2O_4 \cdot H_2O \downarrow$$

$$CaC_2O_4 \cdot H_2O + 2H^+ \rightleftharpoons Ca^{2+} + H_2C_2O_4 + H_2O$$

$$2MnO_4^- + 5H_2C_2O_4 + 6H^+ \rightleftharpoons 2Mn^{2+} + 10CO_2 \uparrow + 8H_2O$$

根据高锰酸钾滴定草酸所消耗的量，可求得样品中钙的含量。

三、 仪器和试剂

1. 仪器
酸式滴定管（50mL），锥形瓶（250mL），容量瓶（100mL），移液管（10mL），量筒（10mL），烧杯（250mL、400mL），分析天平，台秤，水浴锅。

2. 试剂
HCl（1∶1），$(NH_4)_2C_2O_4$（5％），$(NH_4)_2C_2O_4$（0.1％），甲基橙（0.1％），$NH_3 \cdot H_2O$（1∶1），H_2SO_4（1mol·L^{-1}），$KMnO_4$ 标准溶液（浓度约为 0.02mol·L^{-1}），$AgNO_3$（0.1mol·L^{-1}），石灰石试样。

四、 实验内容

准确称取试样 0.15～0.20g 两份，分别置于 250mL 烧杯中，加少量水润湿，盖上表面皿，沿烧杯口滴加 10mL HCl（1∶1），充分搅拌使试样溶解。慢慢加入 25mL 5%（NH₄）₂C₂O₄，用水稀释至 100mL，加入 3 滴 0.1% 甲基橙，在水浴上加热至 50～60℃，滴加氨水（1∶1）至黄色，继续于水浴上加热 50min 左右。若溶液返红，可再滴加稍许氨水，冷却。在漏斗上放好慢性定量滤纸，并做好水柱。将冷却的沉淀溶液用倾泻法过滤，用两个 400mL 烧杯盛接滤液。先用 0.1%（NH₄）₂C₂O₄ 溶液洗涤三次，每次用 15mL 左右，再用蒸馏水洗涤至无 Cl⁻ 为止。在过滤和洗涤过程中，尽量使沉淀留在烧杯中，应多次用蒸馏水淋洗滤纸上部，在洗涤接近完成时，用表面皿接取约 1mL 滤液，加 3 滴 0.1mol·L⁻¹ AgNO₃ 溶液，混匀后放置 1min，如无浑浊现象，证明已洗涤干净。

将带有部分沉淀的滤纸转移至原烧杯中，用玻璃棒小心打开滤纸贴在烧杯内壁上，用 60mL 1mol·L⁻¹ H₂SO₄ 溶液冲洗滤纸。再用 40mL 水冲洗滤纸。将溶液加热至 60℃ 左右，用 0.02mol·L⁻¹ KMnO₄ 标准溶液滴定至溶液呈微红色，再将滤纸浸入溶液，继续小心滴定至终点。

根据测量数据计算样品中 CaO 的质量分数。

$$w(\text{CaO}) = \frac{\dfrac{5}{2}c(\text{KMnO}_4)V(\text{KMnO}_4)M(\text{CaO})}{m_s} \times 100\%$$

五、 思考题

1. 用草酸铵沉淀 Ca^{2+} 时，为什么要在酸性溶液中加草酸铵后，再慢慢滴加氨水调节溶液至甲基橙变为黄色？

2. 洗涤草酸钙沉淀时，为什么要先用草酸铵溶液洗，然后再用蒸馏水洗至无氯离子？

3. 留有沉淀的原烧杯是否要洗净？为什么？

4. 滴定过程中，高锰酸钾标准溶液能否直接滴到滤纸上？若滴到滤纸上将可能产生什么后果？能否在滴定一开始就把滤纸连同沉淀一起浸入硫酸溶液中？滤纸上的沉淀如何正确处理？

5. 导致本实验结果偏高或偏低的主要因素有哪些？

实验十六
胆矾中铜的测定（碘量法）

一、 实验目的

1. 掌握碘量法测定胆矾中铜含量的原理和方法。
2. 学会 $Na_2S_2O_3$ 标准溶液的配制和标定方法。

二、 实验原理

胆矾（$CuSO_4 \cdot 5H_2O$）是农药波尔多液的主要原料。胆矾中铜的含量常用间接碘量法进行测定。测定时，在弱酸性溶液中，加入过量的 KI，使 Cu^{2+} 还原成为难溶的 CuI 沉淀，并定量析出 I_2，用标准溶液 $Na_2S_2O_3$ 滴定析出的碘，反应如下：

$$2Cu^{2+} + 4I^- \Longrightarrow 2CuI \downarrow + I_2$$

$$I_2 + 2S_2O_3^{2-} \Longrightarrow 2I^- + S_4O_6^{2-}$$

由此计算铜的含量。

在测定时应注意：由于 CuI 的溶解度较大，并且强烈吸附碘导致测定结果偏低，故加入 KSCN 使 CuI（$K_{sp} = 1.1 \times 10^{-12}$）转化为溶解度更小的 CuSCN（$K_{sp} = 4.8 \times 10^{-15}$）并使反应趋于完全。

$$CuI(s) + SCN^- \Longrightarrow CuSCN \downarrow （乳白色） + I^-$$

但是 SCN^- 只能在接近终点时加入，否则将发生下列反应，使结果偏低。

$$6Cu^{2+} + 7SCN^- + 4H_2O \Longrightarrow 6CuSCN \downarrow + SO_4^{2-} + CN^- + 8H^+$$

为防止水解，反应必须在酸性溶液中进行，可用硫酸或醋酸酸化。pH 值为 3～4，不能过高，以免 I^- 被空气中的氧所氧化。当样品中有 Fe^{3+} 存在时会产生干扰：

$$2Fe^{3+} + 2I^- \Longrightarrow 2Fe^{2+} + I_2$$

常加入 NaF 或 NH_4F 使 Fe^{3+} 形成 $[FeF_6]^{3-}$ 以掩蔽之。

三、 仪器和试剂

1. 仪器

分析天平，台秤，酸式滴定管（50mL），移液管（25mL），容量瓶（100mL），锥形瓶（250mL），烧杯（250mL、100mL），量筒（10mL），棕色试剂瓶（300mL），表面皿。

2. 试剂

$HCl(6mol \cdot L^{-1})$，$H_2SO_4(1mol \cdot L^{-1})$，$Na_2S_2O_3$ 固体，Na_2CO_3 固体（A.R.），

淀粉溶液（0.5％），KSCN 溶液（10％），KI 溶液（10％），饱和 NaF 溶液，$CuSO_4 \cdot 5H_2O$ 试样，$K_2Cr_2O_7$ 标准溶液（浓度约为 $0.017 mol \cdot L^{-1}$）。

四、 实验内容

1. $Na_2S_2O_3$ 标准溶液的配制与标定

（1）$0.1 mol \cdot L^{-1} Na_2S_2O_3$ 溶液的配制

称取 $Na_2S_2O_3 \cdot 5H_2O$ 7.5g 置于烧杯中，加入 300mL 新煮沸并冷却至室温的蒸馏水，溶解后，加 0.1g Na_2CO_3，搅拌均匀，盛装于棕色试剂瓶中，放置暗处 7～10d 后标定。

（2）$0.1 mol \cdot L^{-1} Na_2S_2O_3$ 溶液的标定

准确移取 25.00mL $K_2Cr_2O_7$ 标准溶液于 250mL 锥形瓶中，加 5mL 6mol·L^{-1} HCl、10mL 10％ KI 溶液，充分摇匀后，盖上小表面皿，放在暗处 5min，加 80mL 水稀释。用 $Na_2S_2O_3$ 溶液滴定至浅黄色，加 3mL 0.5％淀粉指示剂，继续滴定至溶液蓝色刚刚消失而呈 Cr^{3+} 的亮绿色即为终点。记录 $Na_2S_2O_3$ 溶液的用量，计算 $Na_2S_2O_3$ 溶液的浓度。

$$c(Na_2S_2O_3) = \frac{6m(K_2Cr_2O_7)}{M(K_2Cr_2O_7)V(Na_2S_2O_3)}$$

2. 胆矾中铜的测定

准确称取 2.2～2.6g 胆矾试样，置于 250mL 烧杯中，加入 10mL 1mol·L^{-1} H_2SO_4 溶液，25mL 水溶解后，定量转入 100mL 容量瓶中定容，摇匀。吸取 25.00mL 上述溶液于锥形瓶中，加 30mL 水、10mL 饱和 NaF 溶液及 10mL 10％ KI 溶液，用 $Na_2S_2O_3$ 标准溶液滴定至浅黄色，加 5mL 淀粉指示剂继续滴定至浅蓝色，再加 10mL 10％ KSCN 溶液，继续滴定至蓝色刚刚消失即为终点。记录 $Na_2S_2O_3$ 标准溶液的体积，平行滴定 2～3 份。计算试样中铜的质量分数。

五、 思考题

1. 用 $K_2Cr_2O_7$ 标定 $Na_2S_2O_3$ 溶液时，加 KI 有哪些作用？滴定过程中误差来源主要有哪些？如何避免？
2. 为什么淀粉指示剂和 KSCN 都要在接近终点时加入？
3. 溶解试样为什么要加酸酸化？测定时为什么要在微酸性条件下进行？
4. 写出碘量法测定铜时的有关反应方程式。说明在测定中加入 KSCN 的理由。

实验十七
亚铁盐中铁含量的测定 (重铬酸钾法)

一、 实验目的

1. 了解直接配制重铬酸钾标准溶液的方法。
2. 掌握重铬酸钾法测定铁含量的基本原理和方法。

二、 实验原理

在酸性条件下，重铬酸钾具有较强的氧化能力，可在盐酸的介质中测定具有还原性的物质，如测定亚铁盐中铁的含量，其反应如下：

$$Cr_2O_7^{2-} + 6Fe^{2+} + 14H^+ \rightleftharpoons 2Cr^{3+} + 6Fe^{3+} + 7H_2O$$

反应后生成的 Cr^{3+} 呈绿色。一般采用二苯胺磺酸钠作指示剂，在硫酸-磷酸介质中，以重铬酸钾标准溶液滴定至溶液由绿色突变为紫蓝色即为终点。

为了减少终点时因指示剂变色过早而造成的误差，常在被滴定的溶液中，加入 H_3PO_4 使 Fe^{3+} 生成无色而稳定的 $[Fe(HPO_4)]^+$ 配离子，降低了 Fe^{3+}/Fe^{2+} 电对的电位，使化学计量点附近的电位突跃范围增大，Fe^{2+} 被滴定得更完全；同时，也消除了溶剂化 Fe^{3+} 的黄色，有利于终点的观察。

三、 仪器和试剂

1. 仪器

分析天平，台秤，酸式滴定管 (50mL)，移液管 (25mL)，容量瓶 (100mL)，锥形瓶 (250mL)，烧杯 (100mL)，量筒 (10mL、100mL)。

2. 试剂

$K_2Cr_2O_7$ (A.R.)，H_3PO_4 (85%)，H_2SO_4 (3mol·L^{-1})，二苯胺磺酸钠溶液 (0.2%)，硫酸亚铁铵或硫酸亚铁固体。

四、 实验内容

1. $K_2Cr_2O_7$ 标准溶液的配制

用减量称量法准确称取分析纯 $K_2Cr_2O_7$ 1.200g 左右，置于 250mL 烧杯中，加入少量蒸馏水使其溶解。必要时可稍微加热。冷却后转入 250mL 容量瓶中，加蒸馏水定容至刻度，摇匀待用。计算 $K_2Cr_2O_7$ 的准确浓度。

$$c(K_2Cr_2O_7) = \frac{m(K_2Cr_2O_7)}{M(K_2Cr_2O_7) \times 0.250L}$$

2. 铁含量的测定

准确称取硫酸亚铁 2.2～2.9g 或硫酸亚铁铵 3.8～4.2g，置于 100mL 烧杯中，加 10mL 3mol·L^{-1} H$_2$SO$_4$，再加蒸馏水 30mL，搅动使之完全溶解，定量转入 100mL 容量瓶中，加蒸馏水定容至刻度，摇匀待测。

用移液管吸取上述待测液 25.00mL 于 250mL 锥形瓶中，加蒸馏水 30mL，加 5mL3mol·L^{-1} H$_2$SO$_4$、3mL 85％磷酸，并加二苯胺磺酸钠指示剂 5～6 滴，以 K$_2$Cr$_2$O$_7$ 标准溶液滴定至溶液由绿色突变为紫色或紫蓝色即为终点。记录 K$_2$Cr$_2$O$_7$ 标准溶液所消耗的体积。平行滴定 2～3 份，计算铁的质量分数。

五、 思考题

1. 在 K$_2$Cr$_2$O$_7$ 法测铁的过程中，加入磷酸的作用是什么？

2. 为什么 K$_2$Cr$_2$O$_7$ 法可以在 HCl 介质中进行滴定 Fe^{2+}，而 KMnO$_4$ 法却不可以在 HCl 介质中进行滴定 Fe^{2+}？

实验十八
碘量法测定葡萄糖

一、 实验目的

1. 进一步掌握碘量法的实验操作。
2. 熟悉碘价态变化的条件及其测定葡萄糖时的应用。
3. 掌握碘量法测定葡萄糖的原理。

二、 实验原理

碘量法除了进行无机分析以外还能进行有机物分析，且应用十分广泛。一些具有能直接氧化 I^- 或还原 I_2 的官能团的有机物，或通过取代、加成、置换等反应后能与碘定量反应的有机物都可以采用直接或间接碘量法进行测定。

I_2 与 NaOH 作用可生成次碘酸钠（NaIO），葡萄糖分子中的醛基可定量被 NaIO 氧化生成羧基：

$$I_2 + 2OH^- =\!\!= IO^- + I^- + H_2O$$
$$CH_2OH(CHOH)_4CHO + IO^- + OH^- =\!\!= CH_2OH(CHOH)_4COO^- + I^- + H_2O$$

未与葡萄糖作用的 NaIO 在碱性溶液中发生歧化生成 $NaIO_3$ 和 NaI：

$$3IO^- =\!\!= IO_3^- + 2I^-$$

当溶液酸化后又恢复成 I_2 析出：

$$IO_3^- + 5I^- + 6H^+ =\!\!= 3I_2 + 3H_2O$$

这样，用 $Na_2S_2O_3$ 标准溶液滴定析出的 I_2，便可求出葡萄糖的含量：

$$I_2 + 2S_2O_3^{2-} =\!\!= S_4O_6^{2-} + 2I^-$$

因为 1mol I_2 产生 1mol IO^-，而 1mol 葡萄糖消耗 1mol IO^-，所以相当于 1mol 葡萄糖消耗 1mol I_2。

三、 仪器和试剂

1. 仪器

分析天平，台秤，酸式滴定管（50mL），移液管（25mL），容量瓶（100mL），锥形瓶（250mL），烧杯（250mL、100mL），量筒（10mL）。

2. 试剂

HCl（$6mol \cdot L^{-1}$），$Na_2S_2O_3$ 标准溶液（$0.05mol \cdot L^{-1}$ 左右），I_2 固体，KI 固体，

NaOH 溶液（0.1mol·L^{-1}左右），葡萄糖样品，淀粉溶液（0.5%）。

四、 实验内容

1. 0.1mol·L^{-1} I$_2$ 溶液的配制

称取 7g KI 置于 100mL 烧杯中，加入 20mL H$_2$O 和 2g I$_2$，充分搅拌使 I$_2$ 溶解完全，转移至棕色细口瓶中，加水稀释至 300mL，摇匀。

2. I$_2$ 标准溶液浓度的确定

将 I$_2$ 溶液和 Na$_2$S$_2$O$_3$ 标准溶液分别装入酸式滴定管和碱式滴定管中。从酸式滴定管中放出 20.00mL I$_2$ 溶液于锥形瓶中，加水至 100mL，用 Na$_2$S$_2$O$_3$ 标准溶液滴定至浅黄色，加入 2mL 淀粉溶液，继续滴定至蓝色消失即为终点。平行滴定 2~3 次，计算每毫升 I$_2$ 溶液相当于多少毫升 Na$_2$S$_2$O$_3$ 溶液，即 $V(\text{Na}_2\text{S}_2\text{O}_3)/V(\text{I}_2)$，从而算出 I$_2$ 溶液的浓度。

3. 葡萄糖含量的测定

准确称取约 0.5g 葡萄糖样品（C$_6$H$_{12}$O$_6$·H$_2$O，$M = 198.2$g·mol^{-1}）置于烧杯中，加入少量水溶解后定量转移至 100mL 容量瓶中，加水定容后摇匀。

移取 25.00mL 试液于锥形瓶中，加入 40.00mL I$_2$ 溶液，在摇动下缓慢滴加氢氧化钠溶液，直至溶液变为浅黄色（约 30mL）。盖上表面皿，放置 15min。然后再加入 2mL HCl 溶液，立即用 Na$_2$S$_2$O$_3$ 标准溶液滴定至浅黄色，加入 2mL 淀粉溶液，继续滴定至蓝色消失即为终点。平行滴定 3 次，计算样品中葡萄糖的含量。

五、 思考题

1. 配制 I$_2$ 溶液时为什么要加入过量的 KI？为何要先用少量的水进行溶解？
2. 列出计算葡萄糖的最简单计算式。说明 I$_2$ 溶液为什么可以粗略配制的原因。
3. 氧化葡萄糖时若快速滴加稀 NaOH 溶液，将会如何影响结果？为什么？
4. I$_2$ 溶液是否可用移液管移取？可否装在碱式滴定管中？各为什么？

实验十九
电位法测定水溶液的pH值

一、 实验目的

1. 了解直接电位法测量水溶液的 pH 值的原理。
2. 掌握酸度计测定 pH 值的方法。
3. 了解用标准缓冲溶液定位的意义和温度补偿装置的作用。

二、 实验原理

在生产实践和科学实践中经常会接触到有关 pH 值的问题，而较精确的 pH 值测量都需要用电化学法，就是根据 Nernst 公式，用酸度计测量电池电动势来确定 pH 值。这种方法常用 pH 玻璃电极作为指示电极（接酸度计的负极），饱和甘汞电极作为参比电极（接酸度计的正极），与被测溶液组成如下的电池：

$$\underbrace{\text{Ag|AgCl(s), 内充液|玻璃膜|试液}}_{\text{pH玻璃电极}}\ \|\ \underbrace{\text{KCl(饱和), Hg}_2\text{Cl}_2\text{(s)|Hg}}_{\text{饱和甘汞电极}}$$

测量电池的电动势为：

$$E = K + \frac{2.303RT}{F}\text{pH}$$

因此：

$$E_{标准} = 常数 + \frac{2.303RT}{F}\text{pH}_{标准}$$

$$E_{试液} = 常数 + \frac{2.303RT}{F}\text{pH}_{试液}$$

因为测量条件（如温度、电极等）相同，将上两式相减时常数项被消去。因此水溶液的 pH 值的实用定义可表示为：

$$\text{pH}_{试液} = \text{pH}_{标准} + \frac{E_{试液} - E_{标准}}{2.303RT/F}$$

由此可见，pH 值的测量是相对而言的，每次测量的 pH 试液都是与其 pH 值最接近的标准缓冲溶液进行对比的，测量结果的准确度首先决定于标准缓冲溶液 pH 标准值的准确度。标准缓冲溶液是一种稀水溶液（离子强度应小于 0.1mol·kg^{-1}，具有较强的缓冲能力，容易配制，稳定性好）。常用的标准缓冲溶液的 pH 值见书后附录七。

由于 pH 玻璃电极的内阻比较高（约 10^8），因此要求酸度计有较高的输入阻抗（大

于 10^{12}）才能保证一定的测量精度。质量好的酸度计测量电位的精度达 $\pm 0.1 \mathrm{mV}$，测量 pH 值的精度可达 $\pm 0.002 \mathrm{pH}$。

三、 仪器和试剂

1. 仪器

pHS-3B 型精密 pH 计，pH 玻璃电极和饱和甘汞电极（或 pH 复合电极），烧杯（100mL）4 个。

2. 试剂

三种标准缓冲溶液 pH 值分别为 4.00、6.86、9.18，三种水样的溶液，广范 pH 试纸。

四、 实验内容

1. 标准缓冲溶液的配制

（1）$0.05 \mathrm{mol} \cdot \mathrm{kg}^{-1}$ 邻苯二甲酸氢钾（$KHC_8H_4O_4$）溶液

称取在 105℃ ± 5℃下烘干 2h 并在干燥器中冷却后的邻苯二甲酸氢钾 10.12g，用水溶解后转入 1L 容量瓶中稀释至刻线，摇匀，pH＝4.00。

（2）$0.025 \mathrm{mol} \cdot \mathrm{kg}^{-1}$ 磷酸氢二钠（Na_2HPO_4）和 $0.025 \mathrm{mol} \cdot \mathrm{kg}^{-1}$ 磷酸二氢钾（KH_2PO_4）混合溶液

分别称取在 110～120℃下烘干 2～3h 并在干燥器中冷却后的磷酸氢二钠 3.533g、磷酸二氢钾 3.387g，用水溶解后转入 1L 容量瓶中稀释至刻线，摇匀，pH＝6.86。

（3）$0.01 \mathrm{mol} \cdot \mathrm{kg}^{-1}$ 四硼酸钠（$Na_2BO_7 \cdot 10H_2O$）溶液

称取 3.80g 预先于氯化钠和蔗糖饱和溶液干燥器中干燥至恒重的四硼酸钠，用水溶解后转入 1L 容量瓶中并稀释至刻线，摇匀，再储存于聚乙烯瓶中，pH＝9.18。

2. 电极的准备

（1）甘汞电极

检查甘汞电极内 KCl 溶液的液面是否已浸过电极内管管口，如果没有浸过，应在加液口处加入饱和 KCl 溶液。如弯管内有气泡，应设法赶除，使用前应将电极弯管下端橡皮帽和加液口的胶塞除去。

（2）玻璃电极

如果是新电极或久放未用的电极，都应先在蒸馏水中浸泡 24h 后才能使用。使用前，把电极轻轻摇动，使溶液下落于玻璃球内，并检查电极插头是否干燥和清洁。

（3）复合电极

如果是新电极或久放未用的电极，都应先在蒸馏水中浸泡 24h 后才能使用。

3. 测量未知溶液的 pH 值

按 pHS-3B 型精密 pH 计的使用方法进行操作，见 3.4.2 酸度计的使用方法。先用 pH 试纸判断其大致的 pH 值，再选合适的标准缓冲溶液来定位并测量其 pH 值。

五、 思考题

1. pH 玻璃电极对溶液中氢离子浓度的响应，在酸度计上显示的 pH 值与 E 值之间有何定量关系？

2. 使用 pH 玻璃电极时，应注意些什么？

3. 本实验测 pH 值误差来源主要有哪些方面？

氟离子选择性电极测定水中的氟
(直接电位法)

一、 实验目的

1. 掌握直接电位法测定水中氟的原理和方法。
2. 学会正确使用氟离子选择性电极和酸度计（如 pHS-3B 型）。
3. 掌握用标准曲线法测定水中微量氟的浓度。

二、 实验原理

氟广泛存在于自然水体中。水中氟含量的高低对人体健康有一定影响。氟的含量过低易得龋齿，过高则会发生氟中毒现象。饮用水中氟含量的适宜范围为 $0.5\sim1.5\,mg\cdot mL^{-1}$。

水中氟含量的测定方法有比色法和电位法。前者的测量范围较宽，但干扰因素多，往往要对试样进行预处理。后者的测量范围虽不如前者宽，但已能满足水质分析的要求，而且操作简便，干扰因素少，不必进行预处理。因此，电位法正在逐步取代比色法，成为测定氟离子的常规分析方法。

测定样品中 F^- 含量时，是将氟离子选择性电极与饱和甘汞电极置于待测的 F^- 试液中组成电池，若指示电极为正极，则电池表示为：

$$Hg|Hg_2Cl_2(s)|KCl(饱和)\|试液|LaF_3膜\genfrac{|}{|}{0pt}{}{F^-(0.1mol\cdot L^{-1}),}{Cl^-(0.1mol\cdot L^{-1})}|AgCl(s)|Ag$$

电池电动势为：

$$E=\varphi_{指示}-\varphi_{甘汞}$$

$$E=K-\frac{2.303RT}{F}\lg a(F^-)-\varphi_{甘汞}=K'-\frac{2.303RT}{F}\lg a(F^-)$$

若指示电极为负极，则

$$E=\varphi_{甘汞}-\varphi_{指示}=K'+\frac{2.303RT}{F}\lg a(F^-)$$

但在实际测定中要测量的是离子的浓度，而不是活度。所以必须控制试样溶液的离子强度，使测定过程中活度系数为定值，故要在待测试样中加入总离子强度调节缓冲液（TISAB）。则上式可写为：

$$\varphi(F^-)=K-\frac{2.303RT}{F}\lg c(F^-)$$

而测量电池的电动势为：

$$E = \varphi(F^-) - \varphi_{甘汞} = K' - \frac{2.303RT}{F} \lg c(F^-)_{试液}$$

式中，K' 为常数，当 F^- 浓度在 $1 \sim 10^{-6} \, mol \cdot L^{-1}$ 时，E 与 $\lg c(F^-)$ 或 pF 呈线性关系。

因 F^- 存在的状态与试样溶液的酸度有关，故该测定最合适的酸度是 pH＝5.5～6.5。通常用 pH＝6 的柠檬酸盐，还可消除 Al^{3+}、Fe^{3+} 的干扰。本实验采用标准曲线法进行测定。

三、 仪器和试剂

1. 仪器

pHS-3B 型精密 pH 计，电磁搅拌器，氟离子选择性电极，饱和甘汞电极，容量瓶（50mL、100mL、1000mL），吸量管（1mL、5mL、10mL、25mL），塑料烧杯（100mL），聚乙烯瓶。

2. 试剂

NaF（A.R.），柠檬酸钠（A.R.），HCl（A.R.，1∶1），硝酸钠（A.R.）。

氟离子标准溶液：将分析纯 NaF 于 120℃ 干燥 2h，冷却后准确称取 0.2210g，溶于蒸馏水中，并转入 1000mL 容量瓶中，稀释至刻度，混匀，放于塑料瓶中，得到 $100\mu g \cdot mL^{-1}$ 的氟标准溶液。

总离子强度调节缓冲液（TISAB）：称取 58.5g 柠檬酸钠（$Na_3C_6H_5O_7 \cdot 2H_2O$）和 85.0g 硝酸钠于 500mL 烧杯中，加蒸馏水搅拌使之溶解，以 HCl（1∶1）调节 pH 值为 5.0～6.0，转移至 1L 容量瓶中并稀释至刻度，混匀备用。

四、 实验内容

1. 氟电极的准备与仪器调试

氟电极使用前应在去离子水中浸泡数小时或过夜，或在 $10^{-3} \, mol \cdot L^{-1}$ NaF 溶液中浸泡 1～2h，然后用去离子水清洗电极至空白电位值为 $-300mV$ 左右（氟电极在不含氟离子的去离子水中的电位为 $-300mV$），然后浸泡于水中待用。电极在连续使用期间的间隙中，可浸泡于水中，长期不用时，应干燥保存。

电极内装电解质溶液，为防止晶片内侧附着气泡而使电路不通，在电极使用前，让晶片朝下，轻击电极杆，以排除附着的气泡。

仪器的调节请参照仪器使用说明进行。

2. 标准溶液系列的配制

用移液管吸取氟标准溶液（$100\mu g \cdot mL^{-1}$）10mL 于 100mL 容量瓶中，稀释至刻度，摇匀，即得 $10.0\mu g \cdot mL^{-1}$ 的标准溶液。

吸取上述溶液 1.00mL、2.00mL、4.00mL、6.00mL、8.00mL，分别放入 5 支 50mL 小容量瓶中，加入 TISAB 10mL，稀释至刻度，摇匀，即得氟离子浓度为 $0.20\mu g \cdot mL^{-1}$、$0.40\mu g \cdot mL^{-1}$、$0.80\mu g \cdot mL^{-1}$、$1.20\mu g \cdot mL^{-1}$、$1.60\mu g \cdot mL^{-1}$ 的标准系列。

3. 测量

将标准系列溶液由低浓度到高浓度逐个转入小塑料烧杯中，然后将处理好的氟离子选择性电极及甘汞电极插入溶液中，电磁搅拌 5min，读取平衡电位值。在每次测量（更换溶液）之前，都要用蒸馏水冲洗电极，并用滤纸吸干。

4. 工作曲线的绘制

根据测定结果在坐标纸上作 E（mV）-pF 图，即得标准工作曲线。

5. 水样的测定

吸取含氟水样 25.00mL 于 50mL 容量瓶中，加入 TISAB 缓冲溶液 10mL，加蒸馏水至刻度，混匀。按上述操作同法测定电位值，然后在工作曲线上查得氟含量。

实验完毕，清洗电极至所要求的电位值后保存。

6. 标准加入法测定

① 吸取含氟水样 25mL 于 50mL 容量瓶中，调节 pH＝6，稀释至刻度，摇匀，测其电位值 E_1。

② 向被测溶液中准确加入 1.00mL 浓度为 25.00μg·mL^{-1} 的氟标准溶液，测定其电位值 E_2。

五、 数据记录与处理

1. 标准曲线法数据处理

溶液	标准溶液					水样
编号（容量瓶）	1	2	3	4	5	
$V(\text{F}^-)$/mL	1.00	2.00	4.00	6.00	8.00	25.00
浓度/μg·mL^{-1}						
pF						
E/mV						

求水样中含氟量 $\rho(\text{F}^-)$（μg·mL^{-1}）。

2. 标准加入法数据处理

根据所测得的 ΔE 和标准曲线上计算所得的电极响应斜率 S 代入公式：

$$c_s = \frac{c_s V_s}{V_x + V_s} \times 10^{(\frac{\Delta E}{S} - 1)}$$

式中，S 为电极响应斜率，即标准曲线的斜率，在理论上，

$$S = \frac{2.303RT}{nF}$$

在 25℃，n＝1 时，S＝59.2mV。实际测定值和理论测定值常有出入，因此最好进行多次测定，来减少误差。测定最简单的方法是借稀释一倍（或 10 倍）的方法以测得实际响应斜率。即测出 E_2 后的溶液，用水稀释一倍，然后再测定 E_3，则电极在试液中得实际响应斜率 S 为：

$$S = \frac{E_2 - E_1}{\lg 2} = \frac{E_2 - E_1}{0.301}$$

六、 思考题

1. 为什么要清洗氟离子选择性电极，使其相应电位值到$-300mV$?

2. TISAB 缓冲溶液有何作用？由哪几部分组成？

3. 比较标准曲线法和标准加入法的优缺点，用此两种方法所测得结果有无差异？

实验二十一
分光光度法测定铁

一、 实验目的

1. 通过绘制邻二氮菲-Fe(Ⅱ)有色溶液的吸收曲线和标准曲线，学习确定有色溶液最大波长及测定铁的原理和方法。

2. 了解和掌握分光光度计（722 型或 721 型）的构造及使用方法。

二、 实验原理

邻二氮菲（又称邻菲啰啉）是测定铁的一种较好的显色剂。在 pH＝2～9 的溶液中，它与 Fe^{2+} 生成极稳定的橙红色 $[Fe(C_{12}H_8N_2)_3]^{2+}$ 配离子 $(\lg K_f^{\ominus}=21.3)$。其反应如下：

$$\frac{1}{3}Fe^{2+}+ \quad \longrightarrow \quad \left[\quad \right]^{2+}$$

此反应很灵敏，配合物的摩尔吸光系数 $\varepsilon=1.1\times10^4 \text{L}\cdot(\text{mol}\cdot\text{cm})^{-1}$，最大吸收峰在 510nm 波长处。pH＝2～9，颜色深度与酸度无关。但为了尽量减少其他离子的影响，通常在微酸性（pH≈5）溶液中显色。本实验一般用盐酸羟胺作为还原剂，显色前将 Fe^{3+} 全部还原为 Fe^{2+}。本实验采用比较法测定铁含量。

本法选择性很高，相当于含铁量 40 倍的 Sn^{2+}、Al^{3+}、Ca^{2+}、Mg^{2+}、Zn^{2+}、SiO_3^{2-}；20 倍的 Cr^{3+}、Mn^{2+}、V（Ⅴ）、PO_4^{3-}；5 倍的 Co^{2+}、Cu^{2+} 等均不干扰测定。

三、 仪器和试剂

1. 仪器

722 型分光光度计或 721 型分光光度计，容量瓶(50mL)，吸量管(1mL、2mL、5mL)，烧杯(250mL)。

2. 试剂

铁标准溶液(10mg·L⁻¹)：称取 0.863 6g(NH₄)₂Fe(SO₄)₂·12H₂O（分析纯）于 250mL 烧杯中，加入 50mL 6mol·L⁻¹HCl 使之溶解后，移入 1L 容量瓶中，用蒸馏水稀释至标线，摇匀。所得溶液含铁为 100.0mg·L⁻¹。吸取此溶液 25mL 于 250mL 容量瓶中，用蒸馏水稀释至标线，摇匀，此溶液浓度为 10.00mg·L^{-1}。

10％盐酸羟胺水溶液（此溶液只能稳定数日，用时现配），0.15％邻菲啰啉（先用少许乙醇溶解，再用水稀释），NaAc 溶液（1moL·L^{-1}），HCl 溶液（6moL·L^{-1}）。

四、 实验内容

1. 绘制吸收曲线并选择测量波长

（1）配制溶液

取 3 支 25mL 洁净的容量瓶依次编号为 0、1、2 号，在 1、2 号容量瓶中，用 10mL 吸量管分别依次加入 3.0mL 和 5.0mL 铁标准溶液（10.00mg·L^{-1}）。

在 0、1、2 号容量瓶中，分别用吸量管依次加入 0.5mL 10％的盐酸羟胺溶液，摇匀后加入 1.0mL 0.15％邻菲啰啉溶液、2.5mL 1moL·L^{-1} 的 NaAc 溶液，最后用蒸馏水稀释至刻度，摇匀，放置 10min，待测。

（2）测定吸收曲线

取 3 支 1cm 厚的吸收池，用蒸馏水洗净后，再用 0、1、2 号溶液分别洗涤相应的吸收池 2～3 次，然后分别装入 0 号参比溶液（试剂空白）和 1、2 号标准溶液（倒入容积的 3/4 量即可）。注意：试剂空白不要倒掉，以备后用。用擦镜纸或滤纸擦干外壁水珠，将吸收池有序地放入吸收池架上（吸收池透光面应对准架孔），准备测量。

旋动波长调节钮，依次调节波长在 460nm、480nm、500nm、505nm、510nm、520nm、540nm、560nm 等处，按仪器使用方法，分别测定 1、2 号标准溶液的吸光度值。注意在每改变一次测定波长时，均需用参比溶液重新调零，并随时检查零点是否正确。测定数据记录在表格内。

将所获得数据以波长为横坐标，吸光度为纵坐标，绘制吸收曲线。选择吸收曲线的峰值波长为铁的测量波长。

2. 铁含量的测定

在 2 支 25mL 容量瓶中，分别用吸量管加入 3.5mL 10.00mg·L^{-1} 铁标准溶液、4.00mL 铁未知溶液，然后分别加入 0.5mL 10％的盐酸羟胺、1.0mL 0.15％邻菲啰啉溶液，再分别加入 2.5mL 1mol·L^{-1} NaAc 溶液，加入量用刚果红试纸由蓝色（pH 3.0）变红色（pH 5.0）来控制，用蒸馏水稀释至刻度，摇匀。10min 后，在 510nm 波长下，用 1cm 吸收池，以试剂空白为参比溶液，依次测量标准溶液和未知溶液的吸光度。

五、 数据处理与报告

1. 记录

分光光度计型号：　　　　　　　　吸收池厚度：

（1）吸收曲线的绘制

吸光度 A 波长/nm	440	460	480	500	505	510	515	520	540	560
$\rho(Fe^{2+})/mg \cdot L^{-1}$										
1.2										
2.0										

邻菲啰啉亚铁配合物的最大吸收波长 $\lambda_{max} =$ ___ nm.

（2）铁含量的测定

记录项目 溶液	标准溶液	待测溶液
加入体积/mL		
$\rho(Fe^{2+})/mg \cdot L^{-1}$		
吸光度 A		

2. 计算结果

原试液 $\rho(Fe^{2+}) =$ ___ $mg \cdot L^{-1}$

六、 思考题

1. 实验中盐酸羟胺和 NaAc 的作用是什么？若用 NaOH 代替 NaAc 有什么缺点？

2. 从实验测出的吸光度求铁含量的根据是什么？如何求得？

3. 如果试液中含有某种干扰离子，并在测定波长下也有一定的吸光度，如何消除这种干扰？

4. 根据自己的实验结果，计算在最适宜的波长下邻菲啰啉亚铁配合物的摩尔吸光系数。

实验二十二
分光光度法测定磷

一、 实验目的

1. 掌握钼酸铵-抗坏血酸-氯化亚锡法测定磷的原理和方法。
2. 掌握标准曲线法测定磷的原理和方法。
3. 了解并掌握 722 型或 721 型分光光度计的使用方法。

二、 实验原理

微量磷的测定，一般采用钼蓝法。此法是：在含少量 PO_4^{3-} 的酸性溶液中加入钼酸铵试剂，可生成黄色的磷钼酸溶液，其反应如下：

$$PO_4^{3-} + 3NH_4^+ + 12MoO_4^{2-} + 24H^+ \rightleftharpoons (NH_4)_3PO_4 \cdot 12\ MoO_3 \cdot 6H_2O + 6H_2O$$

若以磷钼黄直接进行光度测定，则灵敏度较低；若向溶液中加入抗坏血酸和氯化亚锡溶液，既可消除 Fe^{3+} 等的干扰，又可将部分正六价钼还原成低价的颜色更深的磷钼蓝。这样，既增大了稳定性，又提高了测定的灵敏度。在室温下显色 10min 后，可在 650nm 波长（或选用红色滤光片）测定其吸光度值。磷含量在 $1\sim2$ mg·L^{-1} 范围内服从朗伯-比耳定律，本实验采用标准曲线法测定磷含量。

三、 仪器和试剂

1. 仪器

722 型或 721 型分光光度计，容量瓶（25mL），吸量管（1mL、2mL、5mL）。

2. 试剂

盐酸-钼酸铵溶液（4%）：称 40g 钼酸铵（A.R.）溶于 600mL 浓盐酸中，用蒸馏水稀释至 1L，混匀此溶液，盐酸浓度为 7.2mol·L^{-1}。

抗坏血酸溶液（2%）：称 0.5g 抗坏血酸（A.R.）溶于 250mL 蒸馏水中，用前新配。

$SnCl_2$ 溶液（0.5%）：称 5g $SnCl_2$，用浓盐酸溶解，加蒸馏水稀释至 1L，用前新配。

磷标准溶液（10mg·L^{-1}）：准确称取 0.4394g KH_2PO_4 于 100mL 烧杯中，用少量蒸馏水溶解后，定量转移至 1L 容量瓶中，并用蒸馏水稀释至标线，摇匀，磷的浓度为 100mg·L^{-1}；取此溶液 10mL 于 100mL 容量瓶中，加蒸馏水稀释至刻度，摇匀即可。

四、 实验内容

1. 标准曲线的绘制

分别吸收 10mg·L^{-1} 磷标准溶液 0.00mL、0.50mL、1.00mL、1.50mL、2.00mL、2.50mL，分别于 6 个编号为 0、1、2、3、4、5 的 25mL 容量瓶中，各加入蒸馏水 15mL 左右、4%盐酸-钼酸铵混合溶液 2mL、2%抗坏血酸溶液 5 滴，放置 5min 后，加入 3 滴 0.5% SnCl$_2$ 溶液，并稀释至刻度，摇匀。然后用 1cm 吸收池，以试剂空白（0 号）为参比溶液，在 650nm 波长下分别测定各标准溶液的吸光度值。

2. 磷含量的测定

用吸量管移取待测液 1.50mL 于编号为 6 的 25mL 容量瓶中，按上述同样步骤显色，测定吸光度值。

五、 数据记录与处理

将磷的各标准溶液的浓度及对应的吸光度值记录在表格中。以磷的质量体积浓度 ρ（P）为横坐标，对应的吸光度值为纵坐标，绘制标准曲线。

记录项目	序号 数值					待测试液
	1	2	3	4	5	6
加入体积/mL						
ρ(P)/mg·L^{-1}						
吸光度 A						

由测得试液的吸光度值，从标准曲线上即可查得试液磷的浓度。按下式计算出原始试液中磷的浓度：

$$\rho(P)=标准曲线上查得的质量体积浓度 \times 试液的稀释倍数$$

六、 思考题

1. 实验中为什么要用新配制的抗坏血酸和 SnCl$_2$ 溶液？配制时间过长对磷的测定有何影响？

2. 本实验使用的钼酸铵显色剂的用量是否要准确加入？过多、过少对测定结果是否有影响？

实验二十三

滴定分析方案设计实验
(组分分析及测定)

一、 实验目的

1. 培养学生查阅有关书刊资料的能力。

2. 运用所学知识及有关参考资料对实际试样写出实验方案。

3. 在教师指导下对各种混合酸碱体系的组成含量进行分析,培养学生分析问题、解决问题的能力,以提高素质。

二、 实验要求

1. 提前一周将待测混合酸碱体系交由学生选择,学生根据所查阅的资料自拟分析方案交教师审阅后,进行实验工作,写出实验报告。

2. 设计混合酸碱组分测定方法时,主要应考虑下面几个问题。

(1) 有几种测定方法?选择一种最优方案。

(2) 所设计方法的原理:包括准确分步(分别)滴定的判别;滴定剂的选择;化学计量点 pH 值计算;指示剂的选择及分析结果的计算公式。

(3) 所需试剂的用量、浓度、配制方法。

(4) 实验步骤:包括标定、测定及其他实验步骤。

(5) 数据记录(最好列成表格形式)。

(6) 讨论:包括注意事项、误差分析、心得体会等。

3. 了解混合物中金属离子各组分含量的测定。

三、 实验方案设计参考

1. NaH_2PO_4-Na_2HPO_4

以酚酞(或百里酚酞)为指示剂,用 NaOH 标准溶液滴定 $H_2PO_4^-$ 至 HPO_4^{2-}。

以甲基橙或溴酚蓝为指示剂,用 HCl 标准溶液滴定 HPO_4^{2-} 至 $H_2PO_4^-$,可以分取两份分别滴定,也可以在同一份溶液中连续滴定。

2. NaOH-Na_3PO_4

以百里酚酞为指示剂,用 HCl 标准溶液将 NaOH 滴定至 NaCl,PO_4^{3-} 滴定至 HPO_4^{2-}。

3. NaOH-Na_2CO_3($NaHCO_3$-Na_2CO_3)

混合碱中加酚酞指示剂,用 HCl 标准溶液滴定至无色,消耗 HCl 溶液设为 V_1,再以甲基橙为指示剂用 HCl 标准溶液滴定至橙色，设消耗 HCl 溶液为 V_2，根据 V_1 及 V_2 的大小，可判别混合碱的组成并计算各组分含量。

4. NH_3-NH_4Cl

用甲基红为指示剂，以 HCl 标准溶液滴定 NH_3 至 NH_4^+。用甲醛法将 NH_4^+ 强化后以 NaOH 标准溶液滴定。

5. HCl-NH_4Cl

用甲基红为指示剂，以 NaOH 标准溶液滴定 HCl 溶液至 NaCl。甲醛法强化 NH_4^+，酚酞为指示剂，用 NaOH 标准溶液滴定。

6. HCl-H_3BO_3

与 HCl-NH_4Cl 体系相似，唯 H_3BO_3 的强化要用甘油或甘露醇。

7. H_3BO_3-$Na_2B_4O_7$

以甲基红为指示剂，以 HCl 标准溶液滴定 $Na_2B_4O_7$ 至 H_3BO_3，加入甘油或甘露醇强化 H_3BO_3 后，用 NaOH 滴定总量，差减法求出原试液中的 H_3BO_3 含量。

8. HAc-$NaAc$

以酚酞为指示剂，用 NaOH 标准溶液滴定 HAc 至 NaAc，在浓盐介质体系中滴定 NaAc 的含量。

9. HCl-H_3PO_4

以甲基红为指示剂，用 NaOH 标准溶液滴定 HCl 溶液至 NaCl，H_3PO_4 滴定至 $H_2PO_4^-$，再用百里酚酞为指示剂滴定 $H_2PO_4^-$ 至 HPO_4^{2-}。

10. H_2SO_4-HCl

先滴定酸的总量，然后以沉淀滴定法测定其中 Cl^- 的含量，差减法求出 H_2SO_4 的含量。

11. HAc-H_2SO_4

首先测定总酸量，然后加入 $BaCl_2$ 将 H_2SO_4 沉淀析出，过滤，洗涤后，配位滴定法测定 Ba^{2+} 的含量。

12. NH_3-H_3BO_3

它们的混合物会生成 NH_4^+ 与 $H_2BO_3^-$，以甲醛法测定 NH_4^+，甘露醇法测定 H_3BO_3 的含量。

13. Zn^{2+} 和 Ca^{2+} 混合液中各组分含量的测定

采用 EDTA 为配位剂的配位滴定法。在 pH $=4$ 时，可选二甲酚橙指示剂，用 EDTA 标准溶液滴定 Zn^{2+}，Ca^{2+} 不干扰测定。然后用氨性缓冲溶液调节 pH $=10$，加入少量的铬黑 T（EBT）指示剂，用 EDTA 标准溶液再滴定 Ca^{2+}。

14. $CaCl_2$ 和 NH_4Cl 混合物中 Ca、NH_3 含量的测定

（1）用莫尔法测定总 Cl^-，用甲醛法强化 NH_4^+ 后，用酚酞作指示剂，用 NaOH 标准溶液间接滴定 NH_4^+，此为测定 NH_3。从总 Cl^- 中减去 NH_3 的量即为

Ca 的量。

（2）用甲醛法强化 NH_4^+ 后，用酚酞作指示剂，用 NaOH 标准溶液间接滴定 NH_4^+，此为测定 NH_3。用 $KMnO_4$ 法间接测定 Ca 的含量。

（3）用莫尔法测定总 Cl^-。用 $KMnO_4$ 法间接测定 Ca 的含量，从总 Cl^- 中减去 Ca 的量即为 NH_3 的量。

附　录

附录一　原子量表

元素	符号	原子量	元素	符号	原子量	元素	符号	原子量
银	Ag	107.868 2	铪	Hf	178.49	铷	Rb	85.467 8
铝	Al	26.981 54	汞	Hg	200.59	铼	Re	186.207
氩	Ar	39.948	钬	Ho	164.930 3	铑	Rb	102.905 5
砷	As	74.921 6	碘	I	126.904 5	钌	Ru	101.07
金	Au	196.966 5	铟	In	114.82	硫	S	32.066
硼	B	10.81	铱	Ir	192.22	锑	Sb	121.76
钡	Ba	137.33	钾	K	39.098 3	钪	Sc	44.955 9
铍	Be	9.012 18	氪	Kr	83.80	硒	Se	78.96
铋	Bi	208.980 4	镧	La	138.905 5	硅	Si	28.085 5
溴	Br	79.904	锂	Li	6.941	钐	Sm	150.36
碳	C	12.011	镥	Lu	174.967	锡	Sn	118.71
钙	Ca	40.08	镁	Mg	24.305	锶	Sr	87.62
镉	Cd	112.41	锰	Mn	54.938 0	钽	Ta	180.947 9
铈	Ce	140.12	钼	Mo	95.94	铽	Tb	158.925 3
氯	Cl	35.453	氮	N	14.006 7	碲	Te	127.60
钴	Co	58.933 2	钠	Na	22.989 77	钍	Th	232.038 1
铬	Cr	51.996	铌	Nb	92.906 4	钛	Ti	47.87
铯	Cs	132.905 4	钕	Nd	144.24	铊	Tl	204.383
铜	Cu	63.546	氖	Ne	20.179	铥	Tm	168.934 2
镝	Dy	162.50	镍	Ni	58.69	铀	U	238.028 9
铒	Er	167.26	镎	Np	237.048 2	钒	V	50.941 5
铕	Eu	151.96	氧	O	15.999 4	钨	W	183.84
氟	F	18.998 403	锇	Os	190.23	氙	Xe	131.29
铁	Fe	55.845	磷	P	30.973 76	钇	Y	88.905 9
镓	Ga	69.72	铅	Pb	207.2	镱	Yb	173.04
钆	Gd	157.25	钯	Pd	106.42	锌	Zn	65.39
锗	Ge	72.61	镨	Pr	140.907 7	锆	Zr	91.22
氢	H	1.007 94	铂	Pt	195.08			
氦	He	4.002 60	镭	Ra	226.025 4			

附录二 常见化合物的摩尔质量

化学式	$M/\text{g}\cdot\text{mol}^{-1}$	化学式	$M/\text{g}\cdot\text{mol}^{-1}$
Ag_3AsO_4	462.52	$C_4H_8N_2O_2$（丁二酮肟）	116.12
$AgBr$	187.77	$(CH_2)_6N_4$（六亚甲基四胺）	140.19
$AgCl$	143.32	$C_7H_6O_6S\cdot2H_2O$（磺基水杨酸）	254.22
$AgCN$	133.89	C_9H_7NO（8-羟基喹啉）	145.16
$AgSCN$	165.95	$C_{12}H_8N_2\cdot H_2O$（邻二氮菲）	198.22
Ag_2CrO_4	331.73	$C_2H_5NO_2$（氨基乙酸、甘氨酸）	75.07
AgI	234.77	$C_6H_{12}N_2O_4S_2$（L-胱氨酸）	240.30
$AgNO_3$	169.87	$CoCl_2\cdot6H_2O$	237.93
$AlCl_3$	133.34	CuI	190.45
$AlCl_3\cdot6H_2O$	241.43	$Cu(NO_3)_2\cdot3H_2O$	241.60
$Al(NO_3)_3$	213.00	CuO	79.55
$Al(NO_3)_3\cdot9H_2O$	375.13	$CuSCN$	121.62
Al_2O_3	101.96	$CuSO_4\cdot5H_2O$	249.63
$Al(OH)_3$	78.00	$FeCl_3\cdot6H_2O$	270.30
$Al_2(SO_4)_3$	342.14	$Fe(NO_3)_3\cdot9H_2O$	404.00
$Al_2(SO_4)_3\cdot18H_2O$	666.41	FeO	71.85
As_2O_3	197.84	Fe_2O_3	159.69
As_2O_5	229.84	Fe_3O_4	231.54
As_2S_3	246.02	$FeSO_4\cdot7H_2O$	278.01
$BaCO_3$	197.34	Hg_2Cl_2	472.09
$BaCl_2\cdot2H_2O$	244.27	$HgCl_2$	271.50
$BaCrO_4$	253.32	$HCOOH$	46.03
BaO	153.33	$H_2C_2O_4\cdot2H_2O$（草酸）	126.07
$Ba(OH)_2$	171.34	$H_2C_4H_4O_4$（丁二酸、琥珀酸）	118.09
$BaSO_4$	233.39	$H_2C_4H_4O_6$（酒石酸）	150.09
$BiCl_3$	315.34	$H_3C_6H_5O_7\cdot H_2O$（柠檬酸）	210.14
$BiOCl$	260.43	$H_2C_4H_4O_5$（DL-苹果酸）	134.09
$Bi(NO_3)_3\cdot5H_2O$	485.07	$HC_3H_6NO_2$（DL-α-丙氨酸）	89.10
Bi_2O_3	465.96	HCl	36.16
CO_2	44.01	$HClO_4$	100.46
$CaCl_2$	110.99	HNO_3	63.01
$CaCO_3$	100.09	H_2O	18.02
CaC_2O_4	128.10	H_2O_2	34.01
CaO	56.08	H_3PO_4	98.00
$CaSO_4$	136.14	H_2S	34.08
$CaSO_4\cdot2H_2O$	172.17	H_2SO_3	82.07
$Cd(NO_3)_2\cdot4H_2O$	308.48	H_2SO_4	98.08
CdO	128.41	KBr	119.00
$CdSO_4$	208.47	$KBrO_3$	167.00
CH_3COOH	60.05	KCl	74.55
CH_2O（甲醛）	30.03	$KClO_3$	122.55

化学式	$M/\mathrm{g \cdot mol^{-1}}$	化学式	$M/\mathrm{g \cdot mol^{-1}}$
K_2CrO_4	194.19	Na_2SO_3	126.04
$K_2Cr_2O_7$	294.18	Na_2SO_4	142.04
$K_3Fe(CN)_6$	329.25	$Na_2S_2O_3 \cdot 5H_2O$	248.17
$K_4Fe(CN)_6$	368.35	NH_3	17.03
$KHC_4H_4O_6$（酒石酸氢钾）	188.18	$NH_4C_2H_3O_2$（乙酸铵）	77.08
$KHC_8H_4O_4$（邻苯二甲酸氢钾）	204.22	$(NH_4)_2C_2O_4 \cdot H_2O$	142.11
KH_2PO_4	136.09	NH_4Cl	53.49
KI	166.00	NH_4F	37.04
KIO_3	214.00	$NH_4Fe(SO_4)_2 \cdot 12H_2O$	482.18
$KMnO_4$	158.03	$(NH_4)_2Fe(SO_4)_2 \cdot 6H_2O$	392.13
KNO_3	101.10	NH_4HF_2	57.04
KOH	56.11	NH_4NO_3	80.04
K_2PtCl_6	485.99	$(NH_4)_2S$	68.14
$KSCN$	97.18	$(NH_4)_2SO_4$	132.13
K_2SO_4	174.25	$NH_2OH \cdot HCl$（盐酸羟胺）	69.49
$K_2S_2O_7$	254.31	$(NH)_3PO_4 \cdot 12MoO_3$	1 876.34
$KClO_4$	138.55	NH_4SCN	76.12
KCN	65.12	$NiCl_2 \cdot 6H_2O$	237.96
K_2CO_3	138.21	$NiSO_4 \cdot 7H_2O$	280.85
$Mg(C_9H_6ON)_2$	312.61	$Ni(C_4H_7N_2O_2)_2$（丁二酮肟镍）	288.91
（8-羟基喹啉镁）		PbO	223.2
$MgNH_4PO_4 \cdot 6H_2O$	245.41	PbO_2	239.2
MgO	40.30	$Pb(C_2H_3O_2)_2 \cdot 3H_2O$	279.8
$Mg_2P_2O_7$	222.55	$PbCl_2$	278.1
$MgSO_4 \cdot 7H_2O$	246.47	$PbCrO_4$	323.2
MnO_2	86.94	$Pb(NO_3)_2$	331.2
$MnSO_4$	151.00	PbS	239.3
$Na_2B_4O_7 \cdot 10H_2O$（硼砂）	381.37	$PbSO_4$	303.3
Na_2BiO_3	279.97	SO_2	64.06
$NaC_2H_3O_2$（无水乙酸钠）	82.03	SO_3	80.06
$Na_3C_6H_5O_7$（柠檬酸钠）	258.07	SiF_4	104.08
$NaC_5H_8NO_4 \cdot H_2O$（L-谷氨酸钠）	187.13	SiO_2	60.08
$Na_2C_2O_4$（草酸钠）	134.00	$SnCl_2 \cdot 2H_2O$	225.63
Na_2CO_3	105.99	$SnCl_4$	260.50
$NaCl$	58.44	SnO	134.69
$NaClO_4$	122.44	SnO_2	150.71
NaF	41.99	$SrCO_3$	147.63
$NaHCO_3$	84.01	$Sr(NO_3)_2$	211.63
$Na_2H_2C_{10}H_{12}O_8N_2 \cdot 2H_2O$	372.24	$SrSO_4$	183.68
（乙二胺四乙酸二钠）		$TiCl_3$	154.24
Na_2HPO_4	141.96	TiO_2	79.88
$Na_2HPO_4 \cdot 12H_2O$	358.14	$Zn(NO_3)_2 \cdot 4H_2O$	261.46
$NaHSO_4$	120.06	$Zn(NO_3)_2 \cdot 6H_2O$	297.49
$NaNO_2$	69.00	ZnO	81.39
Na_2O	61.98		
$NaOH$	40.00		

附录三 常用浓酸浓碱的密度和浓度

试剂名称	密度/g·mL^{-1}	浓度/%	c/g·mL^{-1}
盐酸	1.18~1.19	36~38	11.6~12.4
硝酸	1.39~1.40	65.0~68.0	14.4~15.2
硫酸	1.83~1.84	95~98	17.8~18.4
磷酸	1.69	85	14.6
高氯酸	1.68	70.0~72.0	11.7~12.0
冰醋酸	1.05	99.8(优级纯) 99.0(分析纯、化学纯)	17.4
氢氟酸	1.13	40	22.5
氢溴酸	1.49	47.0	8.6
氯水	0.88~0.90	25.0~28.0	13.3~14.8

附录四 常用酸碱溶液的配制

名称	(近似)浓度 $c/\text{mol} \cdot \text{L}^{-1}$	相对密度(20℃)	质量分数/%	配制方法
浓盐酸	12	1.19	37.23	
稀盐酸	6	1.10	20.0	取浓盐酸与等体积水混合
			7.15	取浓盐酸 167mL,稀释成 1L
浓硝酸	16	1.42	69.80	
稀硝酸	6	1.20	32.36	取浓硝酸 381mL,稀释成 1L
	2			取浓硝酸 128mL,稀释成 1L
浓硫酸	18	1.84	95.6	
稀硫酸	3	1.18	24.8	取浓硫酸 167mL,缓缓倾入 833mL 水中
浓氨水	15	0.90	25～27	
稀氨水	6	10		取浓氨水 400mL,稀释成 1L
	2			取浓氨水 400mL,稀释成 1L
NaOH	6	1.22	19.7	将 NaOH 240g 溶于水,稀释成 1L
	2			将 NaOH 80g 溶于水,稀释成 1L

附录五 常用基准物质的干燥条件和应用

基准物质		干燥后的组成	干燥条件/℃	标定对象
名称	分子式			
碳酸氢钠	$NaHCO_3$	Na_2CO_3	270~300	酸
碳酸钠	$Na_2CO_3 \cdot 10H_2O$	Na_2CO_3	270~300	酸
硼砂	$Na_2B_4O_7 \cdot 10H_2O$	$Na_2B_4O_7 \cdot 10H_2O$	放在含 NaCl 和蔗糖饱和溶液的干燥器中	酸
碳酸氢钾	$KHCO_3$	K_2CO_3	270~300	酸或碱
草酸	$H_2C_2O_4 \cdot 2H_2O$	$H_2C_2O_4 \cdot 2H_2O$	室温,空气干燥	$KMnO_4$
邻苯二甲酸氢钾	$KHC_8H_4O_4$	$KHC_8H_4O_4$	110~120	碱
重铬酸钾	$K_2Cr_2O_7$	$K_2Cr_2O_7$	140~150	还原剂
溴酸钾	$KBrO_3$	$KBrO_3$	130	还原剂
碘酸钾	KIO_3	KIO_3	130	还原剂
铜	Cu	Cu	室温,干燥器中保存	还原剂
三氧化二砷	As_2O_3	As_2O_3	室温,干燥器中保存	氧化剂
草酸钠	$Na_2C_2O_4$	$Na_2C_2O_4$	130	氧化剂
碳酸钙	$CaCO_3$	$CaCO_3$	110	EDTA
锌	Zn	Zn	室温,干燥器中保存	EDTA
氧化锌	ZnO	ZnO	900~1000	EDTA
氯化钠	$NaCl$	$NaCl$	500~600	$AgNO_3$
氯化钾	KCl	KCl	500~600	$AgNO_3$
硝酸银	$AgNO_3$	$AgNO_3$	280~290	氯化物

附录六 常用指示剂

一、 酸碱指示剂（18~25℃）

指示剂名称	pH 变色范围	颜色变化	溶液配制方法
甲基紫 （第一变色范围）	0.13~0.5	黄~绿	1g·L⁻¹ 或 0.5g·L⁻¹ 的水溶液
甲酚红 （第一变色范围）	0.2~1.8	红~黄	0.04g 指示剂溶于 100mL 50％ 乙醇
甲基紫 （第二变色范围）	1.0~1.5	绿~蓝	1g·L⁻¹ 水溶液
百里酚蓝（麝香草酚蓝） （第一变色范围）	1.2~2.8	红~黄	0.1g 指示剂溶于 100mL 20％ 乙醇
甲基紫 （第三变色范围）	2.0~3.0	蓝~紫	1g·L⁻¹ 水溶液
甲基橙	3.1~4.4	红~黄	1g·L⁻¹ 水溶液
溴酚蓝	3.0~4.6	黄~蓝	0.1g 指示剂溶于 100mL 20％ 乙醇
刚果红	3.0~5.2	蓝紫~红	1g·L⁻¹ 水溶液
溴甲酚绿	3.8~5.4	黄~蓝	0.1g 指示剂溶于 100mL 20％ 乙醇
甲基红	4.4~6.2	红~黄	0.1g 或 0.2g 指示剂溶于 100mL 60％ 乙醇
溴酚红	5.0~6.8	黄~红	0.1g 或 0.04g 指示剂溶于 100mL 20％ 乙醇
溴百里酚蓝	6.0~7.6	黄~蓝	0.05g 指示剂溶于 100mL 20％ 乙醇
中性红	6.8~8.0	红~亮黄	0.1g 指示剂溶于 100mL 60％ 乙醇
酚红	6.8~8.0	黄~红	0.1g 指示剂溶于 100mL 20％ 乙醇
甲酚红	7.2~8.8	亮黄~紫红	0.1g 指示剂溶于 100mL 50％ 乙醇
百里酚蓝（麝香草酚蓝） （第二变色范围）	8.0~9.6	黄~蓝	参看第一变色范围
酚酞	8.2~10.0	无色~紫红	0.1g 指示剂溶于 100mL 60％ 乙醇
百里酚酞	9.3~10.5	无色~蓝	0.1g 指示剂溶于 100mL 90％ 乙醇

二、 酸碱混合指示剂

指示剂溶液的组成	变色点 pH	颜色		备注
		酸色	碱色	
三份 $1g \cdot L^{-1}$ 溴甲酚绿乙醇溶液 一份 $2g \cdot L^{-1}$ 甲基红乙醇溶液	5.1	酒红	绿	
一份 $2g \cdot L^{-1}$ 甲基红乙醇溶液 一份 $1g \cdot L^{-1}$ 亚甲基蓝乙醇溶液	5.4	红紫	绿	pH 5.2 红紫 pH 5.4 暗蓝 pH 5.6 绿
一份 $1g \cdot L^{-1}$ 溴甲酚绿钠盐水溶液 一份 $1g \cdot L^{-1}$ 氯酚红钠盐水溶液	6.1	黄绿	蓝紫	pH 5.4 蓝绿 pH 5.8 蓝 pH 6.2 蓝紫
一份 $1g \cdot L^{-1}$ 中性红乙醇溶液 一份 $1g \cdot L^{-1}$ 亚甲基蓝乙醇溶液	7.0	蓝紫	绿	pH 7.0 蓝紫
一份 $1g \cdot L^{-1}$ 溴百里酚蓝钠盐水溶液 一份 $1g \cdot L^{-1}$ 酚红钠盐水溶液	7.5	黄	绿	pH 7.2 暗绿 pH 7.4 淡紫 pH 7.6 深紫
一份 $1g \cdot L^{-1}$ 甲酚红钠盐水溶液 三份 $1g \cdot L^{-1}$ 百里酚蓝钠盐水溶液	8.3	黄	紫	pH 8.2 玫瑰色 pH 8.4 紫色

三、 金属离子指示剂

指示剂名称	离解平衡和颜色变化	溶液配制方法
铬黑 T （EBT）	$pK_{a2}^{\ominus}=6.3 \quad pK_{a3}^{\ominus}=11.55$ $H_2In^- \rightleftharpoons HIn^{2-} \rightleftharpoons In^{3-}$ 紫红 蓝 橙	$5g \cdot L^{-1}$ 水溶液
二甲酚橙 （XO）	$pK_{a5}^{\ominus}=6.3$ $H_2In^{4-} \rightleftharpoons H^+ + HIn^{5-}$ 黄 红	$2g \cdot L^{-1}$ 水溶液
K-B 指示剂	$pK_{a1}^{\ominus}=8 \quad pK_{a2}^{\ominus}=13$ $H_2In \rightleftharpoons HIn^- \rightleftharpoons In^{2-}$ 红 蓝 紫红 （酸性铬蓝 K）	0.2g 酸性铬蓝 K 与 0.4g 萘酚绿 B 溶于 100mL 水中
钙指示剂	$pK_{a3}^{\ominus}=7.4 \quad pK_{a4}^{\ominus}=13.5$ $H_2In^{2-} \rightleftharpoons HIn \rightleftharpoons In^{4-}$ 酒红 蓝 酒红	$5g \cdot L^{-1}$ 的乙醇溶液
吡啶偶氮萘酚 （PAN）	$pK_{a1}^{\ominus}=1.9 \quad pK_{a2}^{\ominus}=12.2$ $H_2In^+ \rightleftharpoons HIn \rightleftharpoons In^-$ 黄绿 黄 淡红	$1g \cdot L^{-1}$ 的乙醇溶液

指示剂名称	离解平衡和颜色变化	溶液配制方法
Cu-PAN (CuY-PAN 溶液)	CuY+PAN+M^{n+}⇌MY+Cu-PAN 浅绿色　　　　无色　　　红色	将 0.05mol·L^{-1} Cu^{2+} 溶液 10mL,加 pH5～6 的 HAc 缓冲液 5mL,1 滴 PAN 指示剂,加热至 60℃左右,用 EDTA 滴至绿色,得到约 0.025mol·L^{-1} 的 CuY 溶液。使用时取 2～3mL 于试液中,再加数滴 PAN 溶液
磺基水杨酸	$pK_{a1}^{\ominus}=2.7$　　$pK_{a2}^{\ominus}=13.1$ H_2In⇌HIn^-⇌In^{2-} 　　　　　　无色	10g·L^{-1} 的水溶液
钙镁试剂 (Calmagite)	$pK_{a2}^{\ominus}=8.1$　　$pK_{a3}^{\ominus}=12.4$ H_2In^-⇌HIn^{2-}⇌In^{3-} 红　　　　蓝　　　红橙	5g·L^{-1} 水溶液

注：EBT、钙指示剂、K-B 指示剂等在水溶液中稳定性差,可以配成指示剂与 NaCl 之比为 1：100 或 1：200 的固体粉末。

四、 氧化还原指示剂

指示剂名称	$\varphi^{\ominus\prime}$/V [H^+]=1mol·L^{-1}	颜色变化		溶液配制方法
		氧化态	还原态	
二苯胺	0.76	紫	无色	10g·L^{-1} 的浓硫酸溶液
二苯胺磺酸钠	0.85	紫红	无色	5g·L^{-1} 的水溶液
N-邻苯氨基苯甲酸	1.08	紫红	无色	0.1g 指示剂加 20mL 50g·L^{-1} 的 Na_2CO_3 溶液,用水稀至 100mL
邻二氮菲-Fe(Ⅱ)	1.06	浅蓝	红	1.485g 邻二氮菲加 0.965g $FeSO_4$ 溶解,稀释至 100mL(0.025mol·L^{-1}水溶液)
5-硝基邻二氮菲-Fe(Ⅱ)	1.25	浅蓝	紫红	1.608g 5-硝基邻二氮菲加 0.695g $FeSO_4$ 溶解,稀释至 100mL(0.025mol·L^{-1}水溶液)

五、 吸附指示剂

名称	配制	用于测定		
		可测元素(括号内为滴定剂)	颜色变化	测定条件
荧光黄	1%钠盐水溶液	Cl^-,Br^-,I^-,SCN^-(Ag^+)	黄绿～粉红	中性或弱碱性
二氯荧光黄	1%钠盐水溶液	Cl^-,Br^-,I^-(Ag^+)	黄绿～粉红	pH=4.4～7.2
四溴荧光黄 (曙红)	1%钠盐水溶液	Br^-,I^-(Ag^+)	橙红～红紫	pH=1～2

附录七 常用缓冲溶液的配制

缓冲溶液组成	$pK_a^{\ominus}$	缓冲液 pH 值	缓冲溶液配制方法
氨基乙酸-HCl	2.35 ($pK_{a1}^{\ominus}$)	2.3	取氨基乙酸 150g 溶于 500mL 水中后,加浓 HCl 80mL,水稀释至 1L
$H_3PO_4^-$柠檬酸盐		2.5	取 $Na_2HPO_4 \cdot 12H_2O$ 113g 溶于 200mL 水后,加柠檬酸 387g,溶解,过滤后,稀释至 1L
一氯乙酸-NaOH	2.86	2.8	取 200g 一氯乙酸溶于 200mL 水中,加 NaOH 40g,溶解后,稀释至 1L
邻苯二甲酸氢钾-HCl	2.95 ($pK_a^{\ominus}1$)	2.9	取 500g 邻苯二甲酸氢钾溶于 500mL 水中,加浓盐酸 80mL,稀释至 1L
甲酸-NaOH	3.76	3.7	取 95g 甲酸和 NaOH 40g 于 500mL 水中,溶解,稀释至 1L
NaAc-HAc	4.74	4.7	取无水 NaAc 83g 溶于水中,加冰 HAc 60mL,稀释至 1L
六亚甲基四胺-HCl	5.15	5.4	取六亚甲基四胺 40g 溶于 200mL 水中,加浓 HCl 10mL,稀释至 1L
Tris-HCl(三羟甲基氨基甲烷)	8.21	8.2	取 25g Tris 试剂溶于水中,加浓 HCl 8mL,稀释至 1L
NH_3-NH_4Cl	9.26	9.2	取 NH_4Cl 54g 溶于水中,加浓氨水 63mL,稀释至 1L

注:1. 缓冲液配制后可用 pH 试纸检查。如 pH 值不对,可用共轭酸或碱调节。pH 值欲调节精确时,可用 pH 计调节。

2. 若需增加或降低缓冲液的缓冲容量时,可相应增加或降低共轭酸碱对物质的量,再调节之。

附录八 配合物的稳定常数

(18~25℃)

金属配合物	离子强度 I /mol·L^{-1}	n	$\lg\beta_n$
氨配合物			
Ag^+	0.5	1,2	3.24;7.05
Cd^{2+}	2	1,…,6	2.65;4.75;6.19;7.12;6.80;5.14
Co^{2+}	2	1,…,6	2.11;3.74;4.79;5.55;5.73;5.11
Co^{3+}	2	1,…,6	6.7;14.0;20.1;25.7;30.8;35.2
Cu^+	2	1,2	5.93;10.86
Cu^{2+}	2	1,…,5	4.31;7.98;11.02;13.32;12.86
Ni^{2+}	2	1,…,6	2.80;5.04;6.77;7.96;8.71;8.74
Zn^{2+}	2	1,…,4	2.37;4.81;7.31;9.46
溴配合物			
Ag^+	0	1,…,4	4.38;7.33;8.00;8.73
Bi^{3+}	2.3	1,…,6	4.30;5.55;5.89;7.82;—;9.70
Cd^{2+}	3	1,…,4	1.75;2.34;3.32;3.70
Cu^+	0	2	5.89
Hg^{2+}	0.5	1,…,4	9.05;17.32;19.74;21.00
氯配合物			
Ag^+	0	1,…,4	3.04;5.04;5.04;5.30
Hg^{2+}	0.5	1,…,4	6.74;13.22;14.07;15.07
Sn^{2+}	0	1,…,4	1.51;2.24;2.03;1.48
Sb^{3+}	4	1,…,6	2.26;3.49;4.18;4.72;4.72;4.11
氰配合物			
Ag^+	0	1,…,4	—;21.1;21.7;20.6
Cd^{2+}	3	1,…,4	5.48;10.60;15.23;18.78
Co^{2+}		6	19.09
Cu^+	0	1,…,4	—;24.0;28.59;30.3
Fe^{2+}	0	6	35
Fe^{3+}	0	6	42
Hg^{2+}	0	4	41.4
Ni^{2+}	0.1	4	31.3

金属配合物	离子强度 I /mol·L^{-1}	n	$\lg\beta_n$
Zn^{2+}	0.1	4	16.7
氟配合物			
Al^{3+}	0.5	1,$\cdots$,6	6.13;11.15;15.00;17.75;19.37;19.84
Fe^{3+}	0.5	1,$\cdots$,6	5.28;9.30;12.06;—;15.77;—
Th^{4+}	0.5	1,$\cdots$,3	7.65;13.46;17.97
TiO_2^{2+}	3	1,$\cdots$,4	5.4;9.8;13.7;18.0
ZrO_2^{2+}	2	1,$\cdots$,3	8.80;16.12;21.94
碘配合物			
Ag^+	0	1,$\cdots$,3	6.58;11.74;13.68
Bi^{3+}	2	1,$\cdots$,6	3.63;—;—;14.95;16.80;18.80
Cd^{2+}	0	1,$\cdots$,4	2.10;3.43;4.49;5.41
Pb^{2+}	0	1,$\cdots$,4	2.00;3.15;3.92;4.47
Hg^{2+}	0.5	1,$\cdots$,4	12.87;23.82;27.60;29.83
磷酸配合物			
Ca^{2+}	0.2	CaHL	1.7
Mg^{2+}	0.2	MgHL	1.9
Mn^{2+}	0.2	MnHL	2.6
Fe^{3+}	0.66	FeHL	9.35
硫氰酸配合物			
Ag^+	2.2	1,$\cdots$,4	—;7.57;9.08;10.08
Au^+	0	1,$\cdots$,4	—;23;—;42
Co^{2+}	1	1	1.0
Cu^+	5	1,$\cdots$,4	—;11.00;10.90;10.48
Fe^{3+}	0.5	1,2	2.95;3.36
Hg^{2+}	1	1,$\cdots$,4	—;17.47;—;21.23
硫代硫酸配合物			
Ag^+	0	1,$\cdots$,3	8.82;13.46;14.15
Cu^+	0.8	1,2,3	10.35;12.27;13.71
Hg^{2+}	0	1,$\cdots$,4	—;29.86;32.26;33.61
Pb^{2+}	0	1.3	5.1;6.4
乙酰丙酮配合物			
Al^{3+}	0	1,2,3	8.60;15.5;21.30

金属配合物	离子强度 I /mol·L^{-1}	n	lgβ_n
Cu^{2+}	0	1,2	8.27;16.34
Fe^{2+}	0	1,2	5.07;8.67
Fe^{3+}	0	1,2,3	11.4;22.1;26.7
Ni^{2+}	0	1,2,3	6.06;10.77;13.09
Zn^{2+}	0	1,2	4.98;8.81
柠檬酸配合物			
Ag$^+$	0	Ag$_2$HL	7.1
Al^{3+}	0.5	AlHL	7.0
		AlL	20.0
		AlOHL	30.6
Ca^{2+}	0.5	CaH$_3$L	10.9
		CaH$_2$L	8.4
		CaHL	3.5
Cd^{2+}	0.5	CdH$_2$L	7.9
		CdHL	4.0
		CdL	11.3
Co^{2+}	0.5	CoH$_2$L	8.9
		CoHL	4.4
		CoL	12.5
Cu^{2+}	0.5	CuH$_3$L	12.0
	0	CuHL	6.1
	0.5	CuL	18.0
Fe^{2+}	0.5	FeH$_3$L	7.3
		FeHL	3.1
		FeL	15.5
Fe^{3+}	0.5	FeH$_2$L	12.2
		FeHL	10.9
		FeL	25.0
Ni^{2+}	0.5	NiH$_2$L	9.0
		NiHL	4.8
		NiL	14.3
Pb^{2+}	0.5	PbHL	5.2
		PbH$_2$L	11.2
		PbL	12.3
Zn^{2+}	0.5	ZnH$_2$L	8.7
		ZnHL	4.5
		ZnL	11.4

金属配合物	离子强度 $I/$ $mol \cdot L^{-1}$	n	$\lg\beta_n$
草酸配合物			
Al^{3+}	0	1,2,3	7.26;13.0;16.3
Cd^{2+}	0.5	1,2	2.9;4.7
Co^{2+}	0.5	CoHL	5.5
		CoH_2L	10.6
	0	1,2,3	4.79;6.7;9.7
Co^{3+}	0	3	约20
Cu^{2+}	0.5	CuHL	6.25
		1,2	4.5;8.9
Fe^{2+}	0.5~1	1,2,3	2.9;4.52;5.22
Fe^{3+}	0	1,2,3	9.4;16.2;20.2
Mg^{2+}	0.1	1,2	2.76;4.38
Mn(Ⅲ)	2	1,2,3	9.98;16.57;19.42
Ni^{2+}	0.1	1,2,3	5.3;7.64;8.5
Th(Ⅳ)	0.1	4	24.5
TiO^{2+}	2	1,2	6.6;9.9
Zn^{2+}	0.5	ZnH_2L	5.6
		1,2,3	4.89;7.60;8.15
磺基水杨酸配合物			
Al^{3+}	0.1	1,2,3	13.20;22.83;28.89
Cd^{2+}	0.25	1,2	16.68;29.08
Co^{2+}	0.1	1,2	6.13;9.82
Cr^{3+}	0.1	1	9.56
Cu^{2+}	0.1	1,2	9.52;16.45
Fe^{2+}	0.1~0.5	1,2	5.90;9.90
Fe^{3+}	0.25	1,2,3	14.46;25.18;32.12
Mn^{2+}	0.1	1,2	5.24;8.24
Ni^{2+}	0.1	1,2	6.42;10.24
Zn^{2+}	0.1	1,2	6.05;10.65
酒石酸配合物			
Bi^{3+}	0	3	8.30
Ca^{2+}	0.5	CaHL	4.85
	0	1,2	2.98;9.04

金属配合物	离子强度 I /mol·L^{-1}	n	lgβ_n
Cd^{2+}	0.5	1	2.8
Cu^{2+}	1	1,…,4	3.2;5.11;4.78;6.51
Fe^{3+}	0		7.49
Mg^{2+}	0.5	MgHL 1	4.65 1.2
Pb^{2+}	0	1,2,3	3.78;—;4.7
Zn^{2+}	0.5	ZnHL 1,2	4.5 2.4;8.32
乙二胺配合物			
Ag$^+$	0.1	1,2	4.70;7.70
Cd^{2+}	0.5	1,2,3	5.47;10.09;12.09
Co^{2+}	1	1,2,3	5.91;10.64;13.94
Co^{3+}	1	1,2,3	18.70;34.90;48.69
Cu$^+$		2	10.8
Cu^{2+}	1	1,2,3	10.67;20.00;21.00
Fe^{2+}	1.4	1,2,3	4.34;7.65;9.70
Hg^{2+}	0.1	1,2	14.30;23.3
Mn^{2+}	1	1,2,3	2.73;4.79;5.67
Ni^{2+}	1	1,2,3	7.52;13.80;18.06
Zn^{2+}	1	1,2,3	5.77;10.83;14.11
硫脲配合物			
Ag$^+$	0.03	1,2	7.4;13.1
Bi^{3+}		6	11.9
Cu$^+$	0.1	3,4	13;15.4
Hg^{2+}		2,3,4	22.1;24.7;26.8
氢氧基配合物			
Al^{3+}	2	4	33.3
Bi^{3+}	3	1	12.4
Cd^{2+}	3	1,…,4	4.3;7.7;10.3;12.0
Co^{2+}	0.1	1,3	5.1;—;10.2
Cr^{3+}	0.1	1,2	10.2;18.3
Fe^{2+}	1	1	4.5

金属配合物	离子强度 I/ mol·L^{-1}	n	$\lg\beta_n$
Fe^{3+}	3	1,2	11.0;21.7
		$Fe_2(OH)_2^{4+}$	25.1
Hg^{2+}	0.5	2	21.7
Mg^{2+}	0	1	2.6
Mn^{2+}	0.1	1	3.4
Ni^{2+}	0.1	1	4.6
Pb^{2+}	0.3	1,2,3	6.2;10.3;13.3
		$Pb_2(OH)^{3+}$	7.6
Sn^{2+}	3	1	10.1
Th^{4+}	1	1	9.7
Ti^{3+}	0.5	1	11.8
TiO^{2+}	1	1	13.7
VO^{2+}	3	1	8.0
Zn^{2+}	0	1,…,4	4.4;10.1;14.2;15.5

附录九　氨羧配位剂类配合物的稳定常数

$(18\sim25℃，I=0.1mol\cdot L^{-1})$

| 金属离子 | $\lg K_f^{\ominus}$ | | | | | NTA | |
	EDTA	DCyTA	DTPA	EGTA	HEDTA	$\lg\beta_1$	$\lg\beta_2$
Ag^+	7.32			6.88	6.71	5.16	
Al^{3+}	16.3	19.5	18.6	13.9	14.3	11.4	
Ba^{2+}	7.86	8.69	8.87	8.41	6.3	4.82	
Be^{2+}	9.2	11.51				7.11	
Bi^{3+}	27.94	32.3	35.6		22.3	17.5	
Ca^{2+}	10.69	13.20	10.83	10.97	8.3	6.41	
Cd^{2+}	16.46	19.93	19.2	16.7	13.3	9.83	14.61
Co^{2+}	16.31	19.62	19.27	12.39	14.6	10.38	14.39
Co^{3+}	36				37.4	6.84	
Cr^{3+}	23.4					6.23	
Cu^{2+}	18.80	22.00	21.55	17.71	17.6	12.96	
Fe^{2+}	14.32	19.0	16.5	11.87	12.3	8.33	
Fe^{3+}	25.1	30.1	28.0	20.5	19.8	15.9	
Ga^{3+}	20.3	23.2	25.54		16.9	13.6	
Hg^{2+}	21.7	25.00	26.70	23.2	20.30	14.6	
In^{3+}	25.0	28.8	29.0		20.2	16.9	
Li^+	2.79					2.51	
Mg^{2+}	8.7	11.02	9.30	5.21	7.0	5.41	
Mn^{2+}	13.87	17.48	15.60	12.28	10.9	7.44	
$Mo(V)$	约28						
Na^+	1.66						1.22
Ni^{2+}	18.62	20.3	20.32	13.55	17.3	11.53	16.42
Pb^{2+}	18.04	20.38	18.80	14.71	15.7	11.39	
Pd^{2+}	18.5						
Sc^{3+}	23.1	26.1	24.5	18.2			24.1
Sn^{2+}	22.11						
Sr^{2+}	8.73	10.59	9.77	8.50	6.9	4.98	
Th^{4+}	23.2	25.6	28.78				
TiO^{2+}	17.3						
Tl^{3+}	37.8	38.3				20.9	32.5
U^{4+}	25.8	27.6	7.69				
VO^{2+}	18.8	20.1					
Y^{3+}	18.09	19.85	22.13	17.16	14.78	11.41	20.43
Zn^{2+}	16.50	19.37	18.40	12.7	14.7	10.67	14.29
Zr^{4+}	29.50		35.8			20.8	
稀土元素	16~20	17~22	19		13~16	10~12	

注：表中 EDTA 为乙二胺四乙酸；DCyTA（或 DCTA、CyDTA）为 1,2-二氨基环乙烷四乙酸；DTPA 为二乙基三胺五乙酸；EGTA 为乙二醇二乙醚二胺四乙酸；HEDTA 为 N-β-羟基乙基二胺三乙酸；NTA 为氨三乙酸。

附录十 标准电极电位和氧化还原电对条件电极电位

一、 标准电极电位（18~25℃）

半反应	$\varphi^{\ominus}/V$
$F_2(气)+2H^++2e^-\Longrightarrow 2HF$	3.06
$O_3+2H^++2e^-\Longrightarrow O_2+H_2O$	2.07
$S_2O_8^{2-}+2e^-\Longrightarrow 2SO_4^{2-}$	2.01
$H_2O_2+2H^++2e^-\Longrightarrow 2H_2O$	1.77
$MnO_4^-+4H^++3e^-\Longrightarrow MnO_2(固)+2H_2O$	1.695
$PbO_2(固)+SO_4^{2-}+4H^++2e^-\Longrightarrow PbSO_4(固)+2H_2O$	1.685
$HClO_2+2H^++2e^-\Longrightarrow HClO+H_2O$	1.64
$HClO+H^++e^-\Longrightarrow \frac{1}{2}Cl_2+H_2O$	1.63
$Ce^{4+}+e^-\Longrightarrow Ce^{3+}$	1.61
$H_4IO_6+2H^++3e^-\Longrightarrow IO_3^-+3H_2O$	1.60
$HBrO+H^++e^-\Longrightarrow \frac{1}{2}Br_2+H_2O$	1.59
$BrO_3^-+6H^++5e^-\Longrightarrow \frac{1}{2}Br_2+3H_2O$	1.52
$MnO_4^-+8H^++5e^-\Longrightarrow Mn^{2+}+4H_2O$	1.51
$Au(Ⅲ)+3e^-\Longrightarrow Au$	1.50
$HClO+H^++2e^-\Longrightarrow Cl^-+H_2O$	1.49
$ClO_3^-+6H^++5e^-\Longrightarrow \frac{1}{2}Cl_2+3H_2O$	1.47
$PbO_2(固)+4H^++2e^-\Longrightarrow Pb^{2+}+2H_2O$	1.455
$HIO+H^++e^-=\frac{1}{2}I_2+H_2O$	1.45
$ClO_3^-+6H^++6e^-\Longrightarrow Cl^-+3H_2O$	1.45
$BrO_3^-+6H^++6e^-\Longrightarrow Br^-+3H_2O$	1.44
$Au(Ⅰ)+e^-\Longrightarrow Au$	1.41
$Cl_2(气)+2e^-\Longrightarrow 2Cl^-$	1.359 5
$ClO_4^-+8H^++7e^-\Longrightarrow \frac{1}{2}Cl_2+4H_2O$	1.34
$Cr_2O_7^{2-}+14H^++6e^-\Longrightarrow 2Cr^{3+}+7H_2O$	1.33
$MnO_2(固)+4H^++2e^-\Longrightarrow Mn^{2+}+2H_2O$	1.23
$O_2(气)+4H^++4e^-\Longrightarrow 2H_2O$	1.229
$IO_3^-+6H^++5e^-\Longrightarrow \frac{1}{2}I_2+3H_2O$	1.20
$ClO_4^-+6H^++2e^-\Longrightarrow ClO_3^-+H_2O$	1.19

半反应	$\varphi^{\ominus}/V$
$Br_2(水)+2e^-\Longrightarrow 2Br^-$	1.087
$NO_2+H^++e^-\Longrightarrow HNO_2$	1.07
$Br_3^-+2e^-\Longrightarrow 3Br^-$	1.05
$HNO_2+H^++e^-\Longrightarrow NO(气)+H_2O$	1.00
$VO_2^++2H^++e^-\Longrightarrow VO^{2-}+H_2O$	1.00
$HIO+H^++2e^-\Longrightarrow I^-+H_2O$	0.99
$NO_3^-+3H^++2e^-\Longrightarrow HNO_2+H_2O$	0.94
$ClO^-+H_2O+2e^-\Longrightarrow Cl^-+2OH^-$	0.89
$H_2O_2+2e^-\Longrightarrow 2HO^-$	0.88
$Cu^{2+}+I^-+e^-\Longrightarrow CuI(固)$	0.86
$Hg^{2+}+2e^-\Longrightarrow Hg$	0.845
$NO_3^-+2H^++e^-\Longrightarrow NO_2+H_2O$	0.80
$Ag+e^-\Longrightarrow Ag$	0.7995
$Hg_2^{2+}+2e^-\Longrightarrow 2Hg$	0.793
$Fe^{3+}+e^-\Longrightarrow Fe^{2+}$	0.771
$BrO^-+H_2O+2e^-\Longrightarrow Br^-+2OH^-$	0.76
$O_2(气)+2H^++2e^-\Longrightarrow H_2O_2$	0.682
$AsO_2^-+2H_2O+3e^-\Longrightarrow As+4OH^-$	0.68
$2HgCl_2+2e^-\Longrightarrow Hg_2Cl_2(固)+2Cl^-$	0.63
$Hg_2SO_4(固)+2e^-\Longrightarrow 2Hg+SO_4^{2-}$	0.6151
$MnO_4^-+2H_2O+3e^-\Longrightarrow MnO_2(固)+4OH^-$	0.588
$MnO_4^-+e^-\Longrightarrow MnO_4^{2-}$	0.564
$H_3AsO_4+2H^++2e^-\Longrightarrow HAsO_2+2H_2O$	0.559
$I_3^-+2e^-\Longrightarrow 3I^-$	0.545
$I_2(固)+2e^-\Longrightarrow 2I^-$	0.5345
$Mo(VI)+e^-\Longrightarrow Mo(V)$	0.53
$Cu^++e^-\Longrightarrow Cu$	0.52
$4SO_2(水)+4H^++6e^-\Longrightarrow S_4O_6^{2-}+2H_2O$	0.51
$HgCl_4^{2-}+2e^-\Longrightarrow Hg+4Cl^-$	0.48
$2SO_2(水)+2H^++4e^-\Longrightarrow S_2O_3^{2-}+H_2O$	0.40
$Fe(CN)_6^{3-}+e^-\Longrightarrow Fe(CN)_6^{4-}$	0.36
$Cu^{2+}+2e^-\Longrightarrow Cu$	0.337

半反应	$\varphi^{\ominus}/V$
$VO^{2+} + 2H^+ + e^- = V^{3+} + H_2O$	0.337
$BiO^+ + 2H^+ + 3e^- = Bi + H_2O$	0.32
$Hg_2Cl_2(固) + 2e^- = 2Hg + 2Cl^-$	0.2676
$HAsO_2 + 3H^+ + 3e^- = As + 2H_2O$	0.248
$AgCl(固) + e^- = Ag + Cl^-$	0.2223
$SbO^+ + 2H^+ + 3e^- = Sb + H_2O$	0.212
$SO_4^{2-} + 4H^+ + 2e^- = SO_2(水) + H_2O$	0.17
$Cu^{2+} + e^- = Cu^+$	0.159
$Sn^{4+} + 2e^- = Sn^{2+}$	0.154
$S + 2H^+ + 2e^- = H_2S(气)$	0.141
$Hg_2Br_2 + 2e^- = 2Hg + 2Br^-$	0.1395
$TiO^{2+} + 2H^+ + e^- = Ti^{3+} + H_2O$	0.1
$S_4O_6^{2-} + 2e^- = 2S_2O_3^{2-}$	0.08
$AgBr(固) + e^- = Ag + Br^-$	0.071
$2H^+ + 2e^- = H_2$	0.000
$O_2 + H_2O + 2e^- = HO_2^- + OH^-$	-0.067
$TiOCl^+ + 2H^+ + 3Cl^- + e^- = TiCl_4^- + H_2O$	-0.09
$Pb^{2+} + 2e^- = Pb$	-0.126
$Sn^{2+} + 2e^- = Sn$	-0.136
$AgI(固) + e^- = Ag + I^-$	-0.152
$Ni^{2+} + 2e^- = Ni$	-0.246
$H_3PO_4 + 2H^+ + 2e^- = H_3PO_3 + H_2O$	-0.276
$Co^{2+} + 2e^- = Co$	-0.277
$Tl^+ + e^- = Tl$	-0.3360
$In^{3+} + 3e^- = In$	-0.345
$PbSO_4(固) + 2e^- = Pb + SO_4^{2-}$	-0.3553
$SeO_3^{2-} + 3H_2O + 4e^- = Se + 6OH^-$	-0.366
$As + 3H^+ + 3e^- = AsH_3$	-0.38
$Se + 2H^+ + 2e^- = H_2Se$	-0.40
$Cd^{2+} + 2e^- = Cd$	-0.403
$Cr^{3+} + e^- = Cr^{2+}$	-0.41
$Fe^{2+} + 2e^- = Fe$	-0.440

半反应	$\varphi^{\ominus}/V$
$S+2e^-\!\!=\!\!=\!S^{2-}$	-0.48
$2CO_2+2H^++2e^-\!\!=\!\!=\!H_2C_2O_4$	-0.49
$H_3PO_3+2H^++2e^-\!\!=\!\!=\!H_3PO_2+H_2O$	-0.50
$Sb+3H^++3e^-\!\!=\!\!=\!SbH_3$	-0.51
$HPbO_2^-+H_2O+2e^-\!\!=\!\!=\!Pb+3OH^-$	-0.54
$Ga^{3+}+3e^-\!\!=\!\!=\!Ga$	-0.56
$TeO_3^{2-}+3H_2O+4e^-\!\!=\!\!=\!Te+6OH^-$	-0.57
$2SO_3^{2-}+3H_2O+4e^-\!\!=\!\!=\!S_2O_3^{2-}+6OH^-$	-0.58
$SO_3^{2-}+3H_2O+4e^-\!\!=\!\!=\!S+6OH^-$	-0.66
$AsO_4^{3-}+2H_2O+2e^-\!\!=\!\!=\!AsO_2^-+4OH^-$	-0.67
$Ag_2S(固)+2e^-\!\!=\!\!=\!2Ag+S^{2-}$	-0.69
$Zn^{2+}+2e^-\!\!=\!\!=\!Zn$	-0.763
$2H_2O+2e^-\!\!=\!\!=\!H_2+2OH^-$	-0.828
$Cr^{2+}+2e^-\!\!=\!\!=\!Cr$	-0.91
$HSnO_2^-+H_2O+2e^-\!\!=\!\!=\!Sn+3OH^-$	-0.91
$Se+2e^-\!\!=\!\!=\!Se^{2-}$	-0.92
$Sn(OH)_6^{2-}+2e^-\!\!=\!\!=\!HSnO_2^-+H_2O+3OH^-$	-0.93
$CNO^-+H_2O+2e^-\!\!=\!\!=\!CN^-+2OH^-$	-0.97
$Mn^{2+}+2e^-\!\!=\!\!=\!Mn$	-1.182
$ZnO_2^{2-}+2H_2O+2e^-\!\!=\!\!=\!Zn+4OH^-$	-1.216
$Al^{3+}+3e^-\!\!=\!\!=\!Al$	-1.66
$H_2AlO_3^-+H_2O+3e^-\!\!=\!\!=\!Al+4OH^-$	-2.35
$Mg^{2+}+2e^-\!\!=\!\!=\!Mg$	-2.37
$Na^++e^-\!\!=\!\!=\!Na$	-2.714
$Ca^{2+}+2e^-\!\!=\!\!=\!Ca$	-2.87
$Sr^{2+}+2e^-\!\!=\!\!=\!Sr$	-2.89
$Ba^{2+}+2e^-\!\!=\!\!=\!Ba$	-2.90
$K^++e^-\!\!=\!\!=\!K$	-2.925
$Li^++e^-\!\!=\!\!=\!Li$	-3.042

二、 部分氧化还原电对的条件电极电位

半反应	条件电位 $\varphi^{\ominus\prime}/V$	介质
$Ag(\mathrm{II})+e^-=Ag^+$	1.927	$4mol \cdot L^{-1} HNO_3$
$Ce(\mathrm{IV})+e^-=Ce(\mathrm{III})$	1.74	$1mol \cdot L^{-1} HClO_4$
	1.44	$0.5mol \cdot L^{-1} H_2SO_4$
	1.28	$1mol \cdot L^{-1} HCl$
$Co^{3+}+e^-=Co^{2+}$	1.84	$3mol \cdot L^{-1} HNO_3$
$Co(乙二胺)_3^{3+}+e^-=Co(乙二胺)_3^{2+}$	-0.2	$0.1mol \cdot L^{-1} KNO_3+0.1mol \cdot L^{-1}乙二胺$
$Cr(\mathrm{III})+e^-=Cr(\mathrm{II})$	-0.40	$5mol \cdot L^{-1} HCl$
	1.08	$3mol \cdot L^{-1} HCl$
$Cr_2O_7^{3-}+14H^++6e^-=2Cr^{3+}+7H_2O$	1.15	$4mol \cdot L^{-1} H_2SO_4$
	1.025	$1mol \cdot L^{-1} HClO4$
$CrO_4^{2-}+2H_2O+3e^-=CrO_2^-+4OH^-$	-0.12	$1mol \cdot L^{-1} NaOH$
$Fe(\mathrm{III})+e^-=Fe^{2+}$	0.767	$1mol \cdot L^{-1} HClO_4$
	0.71	$0.5mol \cdot L^{-1} HCl$
	0.68	$1mol \cdot L^{-1} H_2SO_4$
	0.68	$1mol \cdot L^{-1} HCl$
	0.46	$2mol \cdot L^{-1} H_3PO_4$
	0.51	$1mol \cdot L^{-1} HCl+0.25mol \cdot L^{-1} H_3PO_4$
$Fe(EDTA)^-+e^-=Fe(EDTA)^{-2}$	0.12	$0.1mol \cdot L^{-1} EDTA\ pH=4\sim6$
$Fe(CN)_6^{3-}+e^-=Fe(CN)_6^{4-}$	0.56	$0.1mol \cdot L^{-1} HCl$
$FeO_4^{2-}+2H_2O+3e^-=FeO_2^-+4OH^-$	0.55	$10mol \cdot L^{-1} NaOH$
$I_3^-+2e^-=3I^-$	0.5446	$0.5mol \cdot L^{-1} H_2SO_4$
$I_2(水)+2e^-=2I^-$	0.6276	$0.5mol \cdot L^{-1} H_2SO_4$
$MnO_4^-+8H^++5e^-=Mn^{2+}+4H_2O$	1.45	$1mol \cdot L^{-1} HClO_4$
$SnCl_6^{2-}+2e^-=SnCl_4^{2-}+2Cl^-$	0.14	$1mol \cdot L^{-1} HCl$
$Sb(\mathrm{V})+2e^-=Sb(\mathrm{III})$	0.75	$3.5mol \cdot L^{-1} HCl$
$Sb(OH)_6^-+2e^-=SbO_2^-+2OH^-+2H_2O$	-0.428	$3mol \cdot L^{-1} NaOH$
$SbO_2^-+2H_2O+3e^-=Sb+4OH^-$	-0.675	$10mol \cdot L^{-1} KOH$
$Ti(\mathrm{IV})+e^-=Ti(\mathrm{III})$	-0.01	$0.2mol \cdot L^{-1} H_2SO_4$
	0.12	$2mol \cdot L^{-1} H_2SO_4$
	-0.04	$1mol \cdot L^{-1} HCl$
	-0.05	$1mol \cdot L^{-1} H_3PO_4$
$Pb(\mathrm{II})+2e^-=Pb$	-0.32	$1mol \cdot L^{-1} NaAc$

附录十一 微溶化合物的溶度积

(18~25℃，$I=0$)

微溶化合物	$K_{sp}^{\ominus}$	$pK_{sp}^{\ominus}$	微溶化合物	$K_{sp}^{\ominus}$	$pK_{sp}^{\ominus}$
AgAc	2×10^{-3}	2.7	$Ca_3(PO_4)_2$	2.0×10^{-29}	28.70
Ag_3AsO_4	1×10^{-22}	22.0	$CaSO_4$	9.1×10^{-6}	5.04
AgBr	5.0×10^{-13}	12.30	$CaWO_4$	8.7×10^{-9}	8.06
Ag_2CO_3	8.1×10^{-12}	11.09	$CdCO_3$	5.2×10^{-12}	11.28
AgCl	1.8×10^{-10}	9.75	$Cd_2[Fe(CN)_6]$	3.2×10^{-17}	16.49
Ag_2CrO_4	2.0×10^{-12}	11.71	$Cd(OH)_2$(新析出)	2.5×10^{-14}	13.60
AgCN	1.2×10^{-16}	15.92	$CdC_2O_4 \cdot 3H_2O$	9.1×10^{-8}	7.04
MnS(晶形)	2.0×10^{-8}	7.71	CdS	8×10^{-27}	26.1
AgOH					
AgI	9.3×10^{-17}	16.03	$CoCO_3$	1.4×10^{-13}	12.84
$Ag_2C_2O_4$	3.5×10^{-11}	10.46	$Co_2[Fe(CN)_6]$	1.8×10^{-15}	14.74
Ag_3PO_4	1.4×10^{-16}	15.84	$Co(OH)_2$(新析出)	2×10^{-15}	14.7
Ag_2SO_4	1.4×10^{-5}	4.84	$Co(OH)_3$	2×10^{-44}	43.7
Ag_2S	2×10^{-49}	48.7	$Co[Hg(SCN)_4]$	1.5×10^{-8}	5.82
AgSCN	1.0×10^{-12}	12.00	α-CoS	4×10^{-21}	20.4
$Al(OH)_3$(无定形)	1.3×10^{-33}	32.9	β-CoS	2×10^{-25}	24.7
$As_2S_3^{①}$	2.1×10^{-22}	21.68	$Co_3(PO_4)_2$	2×10^{-35}	34.7
$BaCO_3$	5.1×10^{-9}	8.29	$Cr(OH)_3$	6×10^{-31}	30.2
$BaCrO_4$	1.2×10^{-10}	9.93	CuBr	5.2×10^{-9}	8.28
BaF_2	1×10^{-6}	6.0	CuCl	1.2×10^{-6}	5.92
$BaC_2O_4 \cdot H_2O$	2.3×10^{-8}	7.64	CuCN	3.2×10^{-20}	19.49
$BaSO_4$	1.1×10^{-10}	9.96	CuI	1.1×10^{-12}	11.96
$Bi(OH)_3$	4×10^{-31}	30.4	CuOH	1×10^{-14}	14.0
$BiOOH^{②}$	4×10^{-10}	9.4	Cu_2S	2×10^{-48}	47.7
BiI_3	8.1×10^{-19}	18.09	CuSCN	4.8×10^{-15}	14.32
BiOCl	1.8×10^{-31}	30.75	$CuCO_3$	1.4×10^{-10}	9.86
$BiPO_4$	1.3×10^{-23}	22.89	$Cu(OH)_2$	2.2×10^{-20}	19.66
Bi_2S_3	1×10^{-97}	97.0	CuS	6×10^{-36}	35.2
$CaCO_3$	2.9×10^{-9}	8.54	$FeCO_3$	3.2×10^{-11}	10.50
CaF_2	2.7×10^{-11}	10.57	$Fe(OH)_2$	8×10^{-16}	15.1
$CaC_2O_4 \cdot H_2O$	2.0×10^{-9}	8.70	FeS	6×10^{-18}	17.2

微溶化合物	$K_{sp}^{\ominus}$	$pK_{sp}^{\ominus}$	微溶化合物	$K_{sp}^{\ominus}$	$pK_{sp}^{\ominus}$
$Fe(OH)_3$	4×10^{-38}	37.4	$PbCrO_4$	2.8×10^{-13}	12.55
$FePO_4$	1.3×10^{-22}	21.89	PbF_2	2.7×10^{-8}	7.57
$Hg_2Br_2^{③}$	5.8×10^{-23}	22.24	$Pb(OH)_2$	1.2×10^{-15}	14.93
Hg_2CO_3	8.9×10^{-17}	16.05	PbI_2	7.1×10^{-9}	8.15
Hg_2Cl_2	1.3×10^{-18}	17.88	$PbMoO_4$	1×10^{-13}	13.0
$Hg_2(OH)_2$	2×10^{-24}	23.7	$Pb_3(PO_4)_2$	8.0×10^{-43}	42.10
Hg_2I_2	4.5×10^{-29}	28.35	$PbSO_4$	1.6×10^{-8}	7.79
Hg_2SO_4	7.4×10^{-7}	6.13	PbS	8×10^{-28}	27.9
Hg_2S	1×10^{-47}	47.0	$Pb(OH)_4$	3×10^{-66}	65.5
$Hg(OH)_2$	3.0×10^{-26}	25.52	$Sb(OH)_3$	4×10^{-42}	41.4
HgS(红色)	4×10^{-53}	52.4	Sb_2S_3	2×10^{-93}	92.8
HgS(黑色)	2×10^{-52}	51.7	$Sn(OH)_2$	1.4×10^{-28}	27.85
$MgNH_4PO_4$	2×10^{-13}	12.7	SnS	1×10^{-25}	25.0
MgF_2	6.4×10^{-9}	8.19	SnS_2	2×10^{-27}	26.7
$Mg(OH)_2$	1.8×10^{-11}	10.74	$SrCO_3$	1.1×10^{-10}	9.96
$MnCO_3$	1.8×10^{-11}	10.74	$SrCrO_4$	2.2×10^{-5}	4.65
$Mn(OH)_2$	1.9×10^{-13}	12.72	SrF_2	2.4×10^{-9}	8.61
MnS(无定形)	2×10^{-10}	9.7	$SrC_2O_4 \cdot H_2O$	1.6×10^{-7}	6.80
MnS(晶形)	2×10^{-13}	12.7	$Sr_3(PO_4)_2$	4.1×10^{-28}	27.39
$NiCO_3$	6.6×10^{-9}	8.18	$SrSO_4$	3.2×10^{-7}	6.49
$Ni(OH)_2$(新析出)	2×10^{-15}	14.7	$Ti(OH)_3$	1×10^{-40}	40.0
$Ni_3(PO_4)_2$	5×10^{-31}	30.3	$TiO(OH)_2^{④}$	1×10^{-29}	29.0
$\alpha\text{-}NiS$	3×10^{-19}	18.5	$ZnCO_3$	1.4×10^{-11}	10.84
$\beta\text{-}NiS$	1×10^{-24}	24.0	$Zn_2[Fe(CN)_6]$	4.1×10^{-16}	15.39
$\gamma\text{-}NiS$	2×10^{-26}	25.7	$Zn(OH)_2$	1.2×10^{-17}	16.92
$PbCO_3$	7.4×10^{-14}	13.13	$Zn_3(PO_4)_2$	9.1×10^{-33}	32.04
$PbCl_2$	1.6×10^{-5}	4.79	ZnS	2×10^{-22}	21.7
$PbClF$	2.4×10^{-9}	8.62	Zn-8-羟基喹啉	5×10^{-25}	24.3

① 为反应：$As_2S_3 + 4H_2O \Longrightarrow 2HAsO_2 + 3H_2S$ 的平衡常数。

② $BiOOH$，$K_{sp}^{\ominus} = c(BiO^+)c(OH^-)$。

③ $(Hg_2)_mX_n$，$K_{sp}^{\ominus} = c^m(Hg_2^{2+})c^n(X^{2m/n})$。

④ $TiO(OH)_2$，$K_{sp}^{\ominus} = c(TiO^{2+})c^2(OH^-)$。

附录十二 常用熔剂和坩埚

熔剂(混合熔剂)名称	所用熔剂量(对试样而言)	熔融用坩埚材料[①]						熔剂的性质和用途
		铂	铁	镍	瓷	石英	银	
Na_2CO_3(无水)	6~8 倍	+	+	+	-	-	-	碱性熔剂,用于分析酸性矿渣黏土、耐火材料、不溶于酸的残渣、难溶硫酸盐等
$NaHCO_3$	12~14 倍	+	+	+	-	-	-	碱性熔剂,用于分析酸性矿渣黏土、耐火材料、不溶于酸的残渣、难溶硫酸盐等
Na_2CO_3-K_2CO_3 (1:1)	6~8 倍	+	+	+	-	-	-	碱性熔剂,用于分析酸性矿渣黏土、耐火材料、不溶于酸的残渣、难溶硫酸盐等
Na_2CO_3-KNO_3 (6:0.5)	8~10 倍	+	+	+	-	-	-	碱性氧化熔剂,用于测定矿石中的总 S,As,Cr,V,分离 V、Cr 等物中的 Ti
$KHCO_3$-$Na_2B_4O_7$ (3:2)	10~12 倍	+	-	-	+	+	-	碱性氧化熔剂,用于分析铬铁矿、钛铁矿等
Na_2CO_3-MgO (2:1)	10~14 倍	+	+	+	-	+	-	碱性氧化熔剂,用于分解铁合金、铬铁矿等
Na_2CO_3-ZnO (2:1)	8~10 倍	-	-	-	+	+	-	碱性氧化熔剂,用于测定矿石中的硫
Na_2O_2	6~8 倍	-	+	+	-	-	-	碱性氧化熔剂,用于测定矿石和铁合金中的 S、Cr、V、Mn、Si、P,辉钼矿中的 Mo 等
$NaOH$(KOH)	8~10 倍	-	+	+	-	-	+	碱性熔剂,用于测定锡石中的 Sn,分解硅酸盐等
$KHSO_4$ ($K_2S_2O_7$)	12~14 (8~12)倍	+	-	-	+	+	-	酸性熔剂,用于分解硅酸盐、钨矿石,熔融 Ti、Al、Fe、Cu 等的氧化物
Na_2CO_3 粉末结晶硫黄(1:1)	8~12 倍	-	-	-	+	+	-	碱性硫化熔剂,用于自铅、铜、银等中分离钼、锑、砷、锡;分解有色矿石烘烧后的产品,分离钛和钒等
硼酸酐(熔融、研细)	5~8 倍	+	-	-	-	-	-	主要用于分解硅酸盐(当测定其碱金属时)

① "+"可以进行熔融,"-"不能用于熔融,以免损坏坩埚,近年来采用聚四氟乙烯坩埚代替铂坩埚用于氢氟酸溶样。

附录十三　常用仪器清单

量筒	容量瓶	移液管	吸量管	锥形瓶
碘量瓶	称量瓶	玻璃棒	点滴板	离心管
滴管	试剂瓶	瓷坩埚	干燥器	表面皿
试管	漏斗	烧杯	碱式滴定管	酸式滴定管
试管架	移液管架	洗瓶	漏斗架	铁支架
泥三角	牛角匙	滴定台	石棉铁丝网	试管刷
滴定管夹	定量滤纸	定性滤纸	铁环	pH 试纸
洗耳球	滤纸	试管夹	水浴锅	离心机
电烘箱	电磁搅拌器	电炉	电动离心机	马弗炉
分析天平	分光光度计	酸度计		

参 考 文 献

［1］成都科学技术大学分析化学教研组等编．分析化学实验．第 2 版．北京：高等教育出版社，1989.

［2］北京大学化学系分析化学教学组编．基础分析化学实验．第 2 版．北京：北京大学出版社，1998.

［3］陈培荣，邓勃．现代仪器分析实验与技术．北京：清华大学出版社，1999.

［4］刘约权，李贵深主编．实验化学．北京：高等教育出版社，2000.

［5］任健敏，白玲等．定量分析化学．南昌：江西高校出版社，2001.

［6］武汉大学主编．分析化学实验．第 4 版．北京：高等教育出版社，2001.

［7］武汉大学化学与分子科学学院《无机及分析化学实验》编写组编．无机及分析化学实验．第 2 版．武汉：武汉大学出版社，2001.

［8］华中师范大学．东北师范大学．陕西师范大学等．分析化学．第 3 版．北京：高等教育出版社，2002.

［9］四川大学化工学院等编．分析化学实验．第 3 版．北京：高等教育出版社，2003.

［10］武汉大学化学与分子科学学院实验中心编．综合化学实验．武汉：武汉大学出版社，2003.

［11］孙毓庆主编．分析化学实验．北京：科学出版社，2004.

［12］任健敏主编．分析化学．北京：中国农业出版社，2004.

［13］武汉大学等．分析化学．第 5 版．北京：高等教育出版社，2006.

［14］白玲，李铭芳．定量分析化学实验．天津：天津科学技术出版社，2009.